Giuseppe Sermonti

Olvidar a Darwin

¿Por qué la mosca no es un caballo?

Prefacio de
Eduardo Arroyo Pardo

Introducción de
Michele Ruzzai

Hipérbola Janus

Olvidar a Darwin
¿Por qué la mosca no es un caballo?

Primera edición: agosto 2026

Ejemplar impreso bajo demanda.

ISBN: 978-1-961928-43-5 (Tapa blanda)

Copyright © Hipérbola Janus, 2026

Copyright © Giuseppe Sermonti

Copyright de la traducción © Ángel Fernández

Obra original:

Dimenticare Darwin. Perché la mosca non é un cavallo?
Il Cerchio, Rimini (Italia), 2017

Dirección editorial: Ángel Fernández Fernández

Revisión y maquetación: Miguel Ángel Sánchez López

Hipérbola Janus

hiperbolajanus.com | info@hiperbolajanus.com | @HiperbolaJanus

Todos los derechos reservados. No se permite la reproducción total o parcial de este libro sin la autorización previa y por escrito de los titulares del copyright. Este libro se ha desarrollado íntegramente con software libre de código abierto. «Hipérbola Janus» es un sello editorial de Quixotic Spirit Books LLC (NM, USA – quixoticspirit.com).

Hipérbola Janus no se responsabiliza de las opiniones expresadas por el autor ni tiene por qué compartirlas en su integridad.

Índice general

Prefacio a la edición española

Eduardo Arroyo Pardo

HAY UNA INCOMODIDAD PARTICULAR en presentar un libro que pone en cuestión los fundamentos mismos de la disciplina a la que uno ha dedicado su vida profesional. Llevo más de tres décadas trabajando con marcadores de cromosoma Y, árboles filogenéticos, con la aritmética paciente de las mutaciones y las coalescencias que permiten reconstruir, con la prudencia que exige toda inferencia histórica, la dispersión de poblaciones humanas a través de milenios. Nada de esto es inútil pero sí lo es si conduce al simplismo de pensar que todo lo que vive es mera herencia genética, como sucede con buena parte de los académicos. El académico, con demasiada frecuencia, tiende a no cuestionar lo que aprende y es precisamente ese «establishment», esquemático y filosoviético, lo que Giuseppe Sermonti propone, si no derribar, al menos airear sin miramientos en las páginas que siguen. Por esta razón acepté escribir estas líneas con un entusiasmo que no necesité fingir, porque este libro no me pide que abandone mi disciplina: me pide, sencillamente, que la piense.

Sermonti no es un intruso en el campo que critica. Hoy día, especialmente con motivo de la pandemia y del denominado «cambio climático», vemos a notarios y administrativos manejando como si nada conceptos complejos de inmunología, ecología o genética molecular. No es el caso de Sermonti. Él fue jefe del departamento de genética del Centro Internacional de Química Microbiologica (CICM) en el *Instituto Superiore di Sanità*, dirigido por el premio Nobel E. B. Chain. Fue también profesor de Genética en la Universidad de Perugia, y antes de eso, en los años cincuenta, uno de los científicos que sentaron las bases de la genética del Streptomyces junto a Luigi Macacaro, en un momento en que la genética microbiana empezaba apenas a balbucear su gramática molecular. Dirigió durante décadas la *Rivista di Biologia — Biology Forum*, la revista de biología más antigua de Italia y una de las publicaciones científicas más antiguas de Europa. No fue Sermonti, por tanto, un pensador ajeno al laboratorio que especula desde fuera sobre lo que ignora, sino alguien que pasó una vida entera dentro de la maquinaria experimental de la genética y que, precisamente por eso, se permitió mirarla con la distancia crítica de quien conoce sus mecanismos íntimos y sus silencios. Esa distinción importa. Se puede descartar con facilidad al escéptico que nunca ha pisado un laboratorio; resulta bastante más incómodo hacerlo con quien ha pasado su carrera entre cultivos microbiológicos y cromosomas.

El título original de este libro, *Dimenticare Darwin. Perché la mosca non è un cavallo?*, ya declara su programa: no se trata de sustituir una ortodoxia por otra, ni de reivindicar el creacionismo frente al evolucionismo —Sermonti es explícito y reiterado en su desdén hacia esa falsa disyuntiva, que considera una disputa entre un error y una ausencia de teoría—, sino de proponer que ambos bandos comparten un vicio de origen: la convicción de que la vida necesita un relato causal continuo, gradual, ascendente, que explique cómo de lo simple surge lo complejo. Sermonti reúne en estas páginas una colección de paradojas biológicas —el desarrollo embrionario, la homología entre organismos remotísimos, el canto innato de los pájaros, la asombrosa semejanza molecular entre criaturas morfológicamente dispares— no para resolverlas con una teoría alternativa que él mismo reconoce no poseer, sino para que el lector sienta, en la piel, la insuficiencia de los mecanismos que la biología molecular ofrece como explicación última. Su método no es el silogismo sino la acumulación: avanza paradoja tras paradoja, hasta que el edificio mecanicista empieza a crujir por su propio peso.

Quizás sea esta la gran aportación del trabajo de Sermonti: decir que no es posible reducir lo viviente al esquema sencillo pergeñado a través de la selección natural de base genética. Estamos, en realidad, en las antípodas de la síntesis neodarwinista porque, como dice Sermonti, hay tantas cosas que no se explican desde la estrecha concepción de la mutación-azarosa y exitosa que no cabe otra opción que buscar nuevas perspectivas. Y esto es lo que él hace.

Por otro lado, René Guénon, en *El reino de la cantidad y los signos de los tiempos*, dedicó páginas memorables a mostrar que el evolucionismo moderno no es tanto una teoría científica como un mito de sustitución: la forma que adopta, en un mundo que ha perdido el acceso a las metafísicas tradicionales, la vieja necesidad humana de un relato del origen y del destino. Donde las cosmogonías antiguas hablaban de emanación, de ciclos, de arquetipos que preceden a sus manifestaciones sensibles, la modernidad puso el azar y la selección acumulativa, y llamó a eso «ciencia» en vez de «mito» (en el sentido despectivo del término), sin advertir —o sin querer advertir— que seguía siendo, estructuralmente, el mismo tipo de relato: una cosmogonía disfrazada de mecanismo. Evola, por su parte, en su crítica al «mito del progreso», señaló algo muy cercano a lo que Sermonti articula desde la biología: que la idea de un ascenso continuo de lo inferior a lo superior es una proyección temporal de un prejuicio moderno, no un hecho evidente por sí mismo que la naturaleza nos impone. Sermonti no cita a Guénon ni a Evola —no le hace falta—, pero cuando escribe que las formas vivientes podrían no descender unas de otras sino brotar, como hermanas, de una matriz común que no se deja capturar por el árbol genealógico darwiniano, está tocando exactamente la misma cuerda que la metafísica tradicional pulsó durante siglos: la primacía de la forma, del arquetipo, sobre el mecanismo que pretende producirla.

Esto no significa, y quiero decirlo con la misma claridad con la que Sermonti evita la trampa creacionista, que este libro sea una apología encubierta del tradicionalismo religioso. Sermonti fue, hasta el final, un científico, y sus paradojas están extraídas de la literatura biológica reconocida, no de ningún credo religioso determinado. Lo que ofrece no es una respuesta metafísica cerrada sino un espacio —incómodo para la academia actual establecida, pero fértil a la vez— en el que la pregunta por la forma vuelve a ser legítima después de un siglo largo en que la biología molecular declaró zanjada la cuestión con la sola invocación del ADN y la selección natural. Es, si se me permite la expresión, una obra de apófasis científica: no dice qué es la vida, pero muestra con una honestidad poco común todo lo que los mecanismos propuestos no consiguen explicar. En su sentido más profundo, esta apófasis nos remite a la vieja idea de «Orden», un «Orden» que nos desborda, nos asombra y nos devuelve la humildad imprescindible en todo científico.

¿Significa esto que la genética actual debe ser abolida sin matices? Desde luego que no. Trabajo a diario con la lógica de las mutaciones, de la deriva genética, de los haplotipos que se transmiten de generación en generación con una regularidad estadística que permite, con notable precisión, reconstruir migraciones humanas de hace miles de años con un margen de confianza razonable. Esa herramienta funciona, y funciona bien, dentro de su dominio: es decir, funciona con la variación dentro de una especie, con la genealogía de linajes que ya comparten una forma común. Sermonti no discute —no podría hacerlo— que la selección natural opera, que las poblaciones cambian, que los marcadores moleculares nos hablan del pasado con rigor. Lo que pone en cuestión es algo distinto y más profundo: si esos mismos mecanismos, extrapolados sin límite, bastan para explicar el origen de las formas mismas, el salto de un tipo corporal a otro, la aparición súbita de los grandes *phyla* en el Cámbrico (por ejemplo, Burgess Shale o más recientemente, la Biota de Jiangchuan), la asombrosa convergencia de soluciones morfológicas en ramas evolutivas que nunca se tocaron. Es evidente que cualquier genetista encontraría aquí, a poco que reflexionase, más preguntas abiertas de las que la ortodoxia neodarwinista suele admitir en público. No hace falta compartir todas las conclusiones de Sermonti para reconocer que las preguntas que formula no son meramente retóricas, sino preguntas reales y que, guste o no admitirlo, la ciencia se empobrece cuando deja de hacérselas por corrección académica o por no llamar la atención en calidad de «réprobo».

Hay, además, en el tono de este libro, algo que quienes se acercan a la tradición perenne reconocerán con afecto: la insistencia en que el mundo es, antes que un mecanismo, un misterio que merece ser contemplado con asombro antes que diseccionado con impaciencia, mucho menos aún, reducido a un esquema ideológico pretendidamente omnicomprensivo. Sermonti lo dice sin rodeos en su Prefacio: prefiere la poesía y la metáfora a la certeza prematura, y cita con aprobación el elogio que David Berlinski hizo de su indefinición deliberada[1]. Esa misma actitud —la del contemplador frente al ingeniero, la del observador frente al técnico que quiere fabricar todo en una probeta— es la que anima buena parte de mi propio interés por el pensamiento tradicional, y la que me hace leer el Prefacio de Giuseppe Sermonti (que aparece a continuación), con su denuncia certera de la «ingeniería germinal» que ha sustituido en nuestros días a la vieja pregunta evolutiva, no como un añadido polémico sino como el complemento natural de la tesis central de la presente obra. Si la evolución, entendida como relato metafísico de sustitución, ha muerto —así lo proclamaba aquel titular de «New Scientist» que Sermonti recuerda y conforme al cual ha titulado su prefacio—, no ha muerto para dar paso a una

---

[1]David Berlinski, matemático y filósofo norteamericano, enemigo de la teoría de la evolución, es una figura destacada del *Discovery Institute* (Seattle, Washington). En el prólogo de la edición inglesa de la presente obra, Berlinski alaba la metáfora e incluso la indefinición de Sermonti, diciendo que cuando no se sabe con certeza, esta actitud es un ejercicio de honestidad, capaz de preparar el camino a vías de futuro. Sermonti recoge el comentario de Berlinski en la misma introducción del libro que aquí presentamos.

humildad mayor ante el misterio de la vida, sino para dejar el campo libre al proyecto fáustico de rediseñarla desde cero[2]. Ese diagnóstico, escrito hace más de dos décadas, resulta hoy, con la edición genética y la biología sintética avanzando a un ritmo que nuestro autor apenas alcanzó a intuir, de una actualidad casi incómoda.

Traer esta obra al castellano no es, por tanto, un ejercicio de arqueología intelectual sino una intervención oportuna; «candente», le dicen hoy. El pensamiento hispanohablante ha conocido bien las versiones más divulgativas del neodarwinismo, pero muy poco de esta tradición europea de disidencia interna —con representantes en Italia, Francia, Alemania y hoy principalmente en el mundo anglosajón a través de figuras como Berlinski, Michael Behe, William Dembski o Michael Denton— que cuestiona el paradigma no desde la fe sino desde el corazón mismo del laboratorio[3].

Hay que agradecer a Hipérbola Janus, y en particular a Ángel Fernández, director de esta colección y traductor de estas páginas, el cuidado con que ha preparado esta edición, y la confianza de haberme invitado a acompañar con estas líneas un texto que, a decir verdad, tiene por sí solo, sin necesidad de «introducciones» varias, mucho que decir al hombre de hoy.

---

[2]El *prefacio* de Sermonti alude con su título al número de octubre de 1998 de *New Scientist*, en el que un tal Dr. G. Stock, sostenía que la tecnología sustituiría a la evolución y que el ritmo del cambio pasaría a ser mucho más rápido, porque el hombre se convertiría en objeto de un proyecto consciente de diseño. En este sentido iba el título de *New Scientist* cuya portada rezaba *Evolution is dead* (la evolución ha muerto). El auge del «transhumanismo» y las perspectivas abiertas por la edición genética han aportado una sólida base a la profecía de G. Stock.

[3]La crítica a la teoría de la evolución y al materialismo científico en general vive su edad dorada desde hace cuarenta años en los EEUU, de la mano principalmente de la biología molecular y las matemáticas. La ideología dominante se defiende calificando las críticas como «pseudociencia». La pobreza y estupidez de tal afirmación salta a la vista con una lectura superficial del asunto.

Al lector que se acerque a estos capítulos con la expectativa de encontrar un manual alternativo a la biología evolutiva, le advierto que no lo hallará, y que esa ausencia es, precisamente, la lección más valiosa del libro. Sermonti no viene a sustituir un dogma por otro. Viene a devolvernos, capítulo tras capítulo, paradoja tras paradoja, la capacidad de asombrarnos ante el hecho elemental y nunca del todo explicado de que exista la forma, de que la mosca no sea un caballo y, sin embargo, comparta con él un parentesco molecular que desafía toda genealogía simple. Quien haya frecuentado, aunque sea de lejos, las metafísicas tradicionales que hablan de arquetipos anteriores a su manifestación, reconocerá aquí un eco antiguo bajo el lenguaje de la biología contemporánea. Y quien se acerque solo con la curiosidad del científico encontrará, cuando menos, una provocación honesta a pensar de nuevo lo que creía ya pensado.

Madrid, julio de 2026

— Eduardo Arroyo Pardo
Fundación Antonio Medrano

Introducción

Michele Ruzzai

El libro para el cual proponemos esta introducción es una de las obras más importantes de Giuseppe Sermonti (Roma, 4 de octubre 1925 - Roma, 16 de diciembre 2018), quien ha sido uno de los más eminentes biólogos y genetistas italianos de las últimas décadas.

En 1950, con apenas 25 años, Sermonti fue incorporado por uno de los tres premios Nobel que descubrieron la penicilina en la constitución del laboratorio de Química Biológica del Instituto Superior de Sanidad de Roma[1], dando así inicio al estudio genético de los microorganismos industriales y dándose a conocer en el ámbito científico internacional. Un reconocimiento que diez años después le hará obtener la cátedra de genética en Palermo, después en Perugia y a comienzos de los años 70 la Presidencia de la Asociación italiana de Genética. El instituto de microbiología de Praga reconoce su gran importancia para la genética mundial en la segunda mitad del siglo XX, lo cual le lleva en 1978 a la vicepresidencia del XIV Congreso Internacional de Genética que tuvo lugar en Moscú, con la participación de miles de investigadores. Sucesivamente se convierte en Presidente de la *Rivista di Biologia,* que cuenta con la colaboración de los más destacados biólogos internacionales. Sin embargo, en 1980 se verifica la traumática ruptura con los ambientes académicos: junto al paleontólogo Roberto Fondi

[1] Fedeli, *La cosmovisione di Giuseppe Sermonti*, pp. 12, 42.

publica el disruptivo «*Dopo Darwin*» (Sermonti, Fondi - 1980) que socava la base de todos los dogmas neodarwinistas, los cuales, tras una larga maduración personal, son ya para Sermonti simples «artículos de fe», contaminados por una mentalidad cientifista desviada que nada tiene que ver con un enfoque científico objetivo. A partir de esta fecha decisiva, Sermonti continúa en su línea de investigación y divulgación, que ya puede ser definida como «involucionista», adentrándose ya en el estimulante ámbito de los simbolismos antiguos y adoptando una perspectiva decididamente más holística.

En esta introducción, las referencias a los diferentes conceptos expresados en «*Olvidar a Darwin*» son tan numerosos que, por razones de concisión, evitaremos señalar en cada ocasión las páginas concretas en la edición italiana, citando en cambio, las contribuciones de Sermonti y de otros autores recogidos en la bibliografía.

El concepto de evolución

A modo preliminar consideramos indispensable aclararnos bien qué se entiende cuando se habla de «evolución».

En otra obra[2] Sermonti señala significativamente como de este término existen tres significados: mejora progresiva, adaptación a condiciones externas y simple cambio. Esta última acepción es probablemente la que más se acerca a la originaria etimología que deriva del latín «*volvere*», es decir desenrollar, desplegar, y que, por tanto, debería expresar el concepto del despliegue de las posibilidades de existencia de un determinado ente, ya todas contenidas «in nuce» a priori[3]; en la práctica es más o menos la narración de la «historia» de un cierto sujeto y, en estos términos, la evolución puede ser aceptada como una realidad de facto.

[2]SERMONTI, «Le tre evoluzioni», p. 104.

[3]ZALINO, «Cosmologia e evoluzionismo», p. 147.

Además se puede decir que tal concepto presupone, de algún modo, también la idea de una, aunque relativa, «plasticidad» del ente considerado, sin la cual no podría subsistir ninguna «historia» que recorrer si este estuviera dotado de características completamente fijas e inmutables. A nuestro juicio —lo decimos de inmediato, pero volveremos sobre ello más adelante— la cuestión no es reducible a una improbable alternativa «plasticidad total/fijismo absoluto», sino más bien a la condición de esta plasticidad y a los márgenes de maniobra que esta manifiesta.

Por lo tanto, planteada en los términos más genéricos de una «historia» y de un «recorrido» realizado, el término «evolución» puede ser aceptado; muy diferente es el discurso, en cambio, que viene representado por su acepción ya más comúnmente entendida, es decir, la más específica de un proceso «progresivo» y ascendente que de un «menos» conduce a un «más», y que debe ser sometida a una seria crítica.

En efecto, es bastante significativo el hecho de que el propio Darwin se había puesto en guardia contra la posible confusión entre la idea de evolución y la de progreso[4], deteniéndose más bien sobre dos principios fundamentales que no implicaban necesariamente una perspectiva ascendente.

El primero, que ya hemos sugerido anteriormente, era el de una plasticidad absoluta de lo viviente, ya que Darwin no veía nunca tipos individuales, que para él eran solo entidades convencionales, sino un *continuum* en incesante transformación[5]: un largo e incesante fluir de lo viviente, sin solución de continuidad entre las diversas formas, que en efecto, parecía bastante coherente con la idea, compartida con Lamarck, de la transmisión a la descendencia de los caracteres adquiridos por los padres en el curso de su vida en el ambiente. Hoy sabemos que tal idea era completamente errónea en cuanto ignoraba del todo los mecanismos de la transmisión de

[4]MICHOLLET, «L'evoluzione e l'immagine dell'essere umano», p. 119.

[5]FEDELI, *La cosmovisione di Giuseppe Sermonti*, p. 71.; FONDI, *Organicismo ed evoluzionismo*, p. 297

los caracteres entre las generaciones, los cuales fueron observados en el laboratorio por Mendel algunos años después de la formulación teórica de Darwin: y también nos resulta muy claro cómo los resultados de los experimentos del monje moravo fueron bastante disonantes respecto a las primeras hipótesis evolucionistas porque contradecía claramente el «gradualismo» postulado por estas, evidenciando, por el contrario, una dinámica decididamente más rígida en la transmisión de los caracteres a la progenie.

El segundo principio estaba constituido por la «selección natural», entendido como una presión selectiva que en el curso del tiempo habría actuado sobre diferentes individuos y, para los primeros seres vivos (de los cuales en esa época aún no se conocían bien los mecanismos de transmisión hereditaria del genoma), seleccionando progresivamente a los más adaptados y llevando a la extinción a los menos adaptados. Sin embargo, es sabido, como el propio Darwin relató en su autobiografía, que la idea de la selección y de la lucha por la vida le fue inspirada por el reverendo Thomas Malthus (que influyó independientemente también a Wallace), al cual podremos añadir seguramente sobre el plano político el liberalismo de John Locke y, sobre el económico, el liberalismo de Adam Smith[6]: flagelos como hambrunas y pobreza eran interpretados como un benéfico «aguijón de Dios» para la purificación de los ineptos y el desarrollo de la humanidad[7], por lo que, sobre estas premisas, podía ser bastante fácil que con el tiempo se fuera delineando una idea en perspectiva ascendente. Cosa que, de hecho, ocurrió, si no directamente por obra de Darwin, cuanto menos por los primeros evolucionistas, los cuales no tardaron en superponer y confundir irremediablemente los conceptos de «evolución» y de «progreso»[8]. Una perspectiva que se hizo cada vez más omnipresente y que, por ejemplo, llevó a Ernst Haeckel a formular el famoso concepto «la ontogenia recapitula

[6]FEDELI, *La cosmovisione di Giuseppe Sermonti*, p. 108., GONI, *Nietzsche e l'evoluzionismo*, p. 59

[7]SERAFINI, «Da Darwin all'ordine della vita», p. 12.

[8]GONI, *Nietzsche e l'evoluzionismo*, p. 39.

la filogenia», según la cual las fases del crecimiento embrionario recorren los pasos evolutivos pasados de la especie (aunque en ello encontró la oposición del gran embriólogo alemán Von Baer, quien, por el contrario, consideraba que los organismos se desarrollaban «de lo más general a lo particular», y que, por tanto, era únicamente por este motivo que los caracteres más básicos aparecían en el embrión antes que los específicos[9].

Pero era el «espíritu de los tiempos» y todo debía partir «de lo bajo» para ir «hacia lo alto», también a costa de cualquier pequeño retoque que parece que Haeckel aportaba a las imágenes de los embriones para reforzar la semejanza en las primeras fases de desarrollo[10]...

¿Todo por «azar»?

El concepto de un desarrollo ascendente se convirtió, por tanto, la lente deformante a través de la cual interpretar también el inicio de la misma vida a partir de la materia inorgánica, siempre sobre la base de nada más que los eventos completamente casuales: un paso que, inevitablemente, no pudo —entonces como hoy— no provocar las mayores reservas lógicas, y no solo por parte de quien no quiere renunciar a la idea de una inteligencia «creadora» u «organizadora», sino también sobre la vertiente de un sector nada despreciable del propio ámbito científico. Entre tantos, el biólogo y antropólogo suizo Adolf Portmann contestó, de hecho, al uso, y el abuso, del concepto «azar» cada vez que nos encontramos ante un hecho incomprensible[11].

Según algunos filósofos de la ciencia, la evolución progresiva —no pudiendo ser replicada y observada experimentalmente en laboratorio— no respondería ni tan siquiera a los requisitos de cien-

---

[9]SERAFINI, «Da Darwin all'ordine della vita», p. 31.
[10]ibíd., p. 65.
[11]SERMONTI, «Le tre evoluzioni», p. 115.

tificidad que deberían fundamentar una justificada autoridad[12]. Sobre esta misma línea, varios investigadores se han planteado también la pregunta de si tal teorización no es incompatible con una de las leyes fundamentales de la física, es decir, el segundo principio de la termodinámica (o principio de Carnot), conocido también como «ley de la entropía»: ley según la cual todos los sistemas cerrados —lo que, de hecho, es toda la biosfera, que se perpetúa a través del ADN de sus especies y en calidad de depositario de la herencia de lo viviente está absolutamente aislada, como justamente la investigación científica nos atestigua— una vez abandonados a sí mismos, tienden irremediablemente a degradarse hacia el desorden y la destrucción, y no ciertamente a mejorarse según un perfeccionamiento continuo[13].

Otros estudiosos también han querido someter la hipótesis evolucionista a una verificación de carácter estadístico, llegando a resultados cuanto menos elocuentes.

Tengamos presente, para tener una primera referencia, que el número de años que se supone que han pasado desde los orígenes del «caldo primordial» hasta hoy es igual a 10 elevado a la novena potencia (mil millones de años). Pues bien, el físico Bogdanov estimó una duración mucho más alta, es decir, un número de años igual al menos a 10 a la decimoquinta potencia (un millón de billones de años) para llegar a la formación, por puro azar, de una molécula de ARN por parte de los nucleótidos componentes[14]. El matemático Guye calculó que, disponiendo teóricamente de un número de años todavía más elevado, y con mucho, es decir, de 10 a la 243ª potencia, la posibilidad de que una «simple» proteína se hubiera formado por puro azar correspondería a 1 contra 10 a la 161ª (es decir, 1 seguido de nada menos que 252 ceros el número de años necesarios para permitir que la pura casualidad generara la formación de una sola macromolécula asimétrica (elemento base

---

[12]CAVALLI SFORZA, *Il caso e la necessità*, p. 42.

[13]YAHYA, *L'inganno dell'evoluzione*, p. 143.

[14]AGNOLI y PERTOSA, *Contro Darwin e i suoi seguaci*, p. 33.

de la materia orgánica)[15]. Cabe destacar que en 1953 Stanley MIller logró producir en laboratorio solo un simple aminoácido, en absoluto una proteína, y mucho menos nada viviente[16]; sin considerar que las condiciones de su experimento estaban lejos de ser «casuales», sino científica y «teleológicamente» orientadas a llegar a un objetivo preciso. Una acción demiúrgica inconsciente, por tanto...

Y, no obstante, recordemos siempre que todavía no estamos hablando de seres vivos.

Incluso si retrodatamos el punto de partida al *Big Bang* y consideramos que todos los segundos transcurridos desde ese momento hasta hoy son menos de 10 a la 18ª potencia, para el matemático Chandra Wickramasinghe la sola probabilidad de que la vida haya nacido de la materia inerte ¡se relaciona con un número igual a 1 seguido de 40.000 ceros![17]. Según Salet no existe una sola posibilidad entre cien mil miles de millones de que series casuales de mutaciones hayan logrado formar, a partir de los protozoos, un solo metazoo[18].

En todos los ejemplos citados, por tanto, el tiempo de la edad estimada de todo nuestro universo es inconmensurablemente menor que el teóricamente necesario al «azar» para operar con éxito.

Es una situación por la cual los matemáticos hablan de «inflación estadística», es decir, de números infinitesimales —uno entre mil millones o uno entre cientos de miles de millones, poco importa — que en la práctica expresan una posibilidad positiva igual a cero[19]. En efecto, también el evolucionista Jacques Monod no pudo dejar de admitir —¡Menuda bondad la suya!— que la vida, según

[15]BRIENNE, *Per finirla con l'evoluzionismo*, p. 44.

[16]SERAFINI, «Da Darwin all'ordine della vita», p. 64.

[17]BONIFACIO, *La caverna cosmica*, p. 21.

[18]BRIENNE, *Per finirla con l'evoluzionismo*, p. 136.

[19]BLONDET, *L'Uccellosauro ed altri animali*, p. 47.

los cánones evolucionistas, es el fruto de un verdadero y justo «milagro estadístico»[20].

Además es interesante destacar como la necesidad de la existencia de un proyecto previo para llegar a un resultado final ha sido expresada también a través del eficaz concepto de «complejidad irreductible», que pone de relieve cómo no es posible que mecanismos biológicos extremadamente sofisticados y «completados» hayan surgido por una lenta y progresiva acumulación de variaciones casuales: a lo largo del camino que los habría conducido al resultado final no habrían podido desempeñar ni siquiera parcialmente su función y, por tanto, demostrándose inadecuados para dicha función, deberían ser descartados por la selección natural mucho antes de llegar a la meta[21].

La típica objeción de los evolucionistas frente a todos estos argumentos se apoya demasiado a menudo en la problemática, o sobre la ausencia, de una «propuesta alternativa». Sin embargo, consideramos que tal objeción no da en el blanco. Pensémoslo por un momento: ¿cuántas veces, por ejemplo, no nos dejamos convencer por el resultado que alguien nos señala para un problema matemático porque intuimos su falacia antes de conocer la respuesta correcta? Si nos dijeran que 427x356 da como resultado 1902, nosotros, inmediatamente, no lo creeríamos porque percibimos el error ya en el orden de magnitud de la solución que se nos presenta. Y esto mucho antes de disponer de una «propuesta alternativa», de decir, de saber que el resultado exacto es 152.012...

Ninguna «simplicidad primitiva»

Las teorías evolucionistas-progresistas teorizan, por tanto, el paso de lo viviente desde una situación «elemental» al comienzo, hacia una cada vez más «compleja» en lo sucesivo. Pero el presupuesto

[20]LORENZONI, *Chronos. Saggio sulla metafisica del tempo*, p. 34.
[21]SERAFINI, «Da Darwin all'ordine della vita», p. 63.

de una mayor simplicidad primitiva es del todo irreal[22] y no encuentra ningún respaldo, ni desde el punto de vista bioquímico/funcional[23], ni desde el de las evidencias paleontológicas halladas[24]. En realidad, a lo largo de su historia, la tierra ha sufrido diversos cataclismos y ha visto diferentes manifestaciones de variadas formas de vida, pero no se puede decir en absoluto que haya habido un paso general de lo «simple» a lo «complejo»[25].

Incluso si nos limitamos al mundo de los microorganismos, su complejidad genética no es absolutamente inferior a la de una planta o de un animal: en la ameba como en el hombre, los genes son, no solo en su funcionalidad sino también en su número, fundamentalmente los mismos[26] y, por tanto, ya podemos anticipar aquí un concepto que reencontraremos más adelante, es decir, que la razón de las grandes diferencias morfológicas entre las distintas especies vivientes no reside en el plano molecular y bioquímico[27]. Y ni siquiera la antigüedad de las variadas formas está vinculada a la cantidad de ADN poseído, que es prácticamente la misma en toda la biosfera[28] y, por lo tanto, no sugiere en absoluto ninguna visión evolutiva.

La vida unicelular apareció hace cuatro mil millones de años, justo después de la formación de la Tierra y probablemente con ella la complejidad de lo viviente había llegado ya al 90% de todo su campo de variación. De modo que hace aproximadamente quinientos millones de años, los organismos pluricelulares aparecieron en poco tiempo en todos sus «tipos», al primer intento, sin formas intermedias o precursoras en las que sea posible ver alguna historia de «selección acumulativa»: al inicio del Mesozoico, además,

---

[22]GUÉNON, *Il Regno della Quantità e i Segni dei Tempi*, p. 80. y GUÉNON, *Il Demiurgo e altri saggi*, p. 45

[23]SERMONTI, *Le forme della vita*, p. 92.

[24]ARTHADEVA, *Scienza e verità*, p. 49.

[25]FEDELI, *La cosmovisione di Giuseppe Sermonti*, p. 59.

[26]SERMONTI y FONDI, *Dopo Darwin*, p. 69.

[27]FEDELI, *La cosmovisione di Giuseppe Sermonti*, p. 63.

[28]ibíd., p. 61.

aparecen los dinosaurios que poco a poco asumen formas dimensionales cada vez más imponentes. ¿Entonces se puede establecer la hipótesis de una dirección hacia un gigantismo progresivo que demuestra una especie en una suerte de trayectoria «ascendente» de la vida sobre la Tierra? Evidentemente no, desde el momento que los dinosaurios se extinguieron hace cerca de 65 millones de años y con el Cenozoico fueron sustituidos por los mucho más esbeltos mamíferos, que, por otra parte, también ellos aparecieron prácticamente todos juntos y ya bien diferenciados en sus respectivos «órdenes».

Por tanto, no se observa nunca un proceder de lo «simple» a lo «complejo», sino sólo una sucesión de variadas formas de organismos, una multitud de «tipos» en equilibrio[29]: pero la sucesión de las formas vivientes no constituye, de hecho, una prueba de la evolución progresiva porque —elemento absolutamente fundamental, que siempre debemos tener bien presente— esto solo sería posible si se demostrara una *filiación* efectiva entre todas estas especies[30]. Obviamente es por este motivo que los evolucionistas intentan trazar entre las diferentes formas «líneas de descendencia» y postulan «antepasados comunes», que, sin embargo, son del todo hipotéticos y para nada demostrados. Si tuvieran razón, deberíamos observar una fase inicial de organismos muy similares entre ellos, seguida poco a poco por la progresiva diferenciación de estos, junto a un sucederse gradual e ininterrumpido de formas de transición: organismos también incompletos, «anillos de conjunción» entre diferentes especies e hipotéticas formas que deberían encontrar su lugar en las teóricas bifurcaciones del árbol genealógico.

Todo esto, en cambio, nunca se encuentra.

Al contrario, se hallan especies bien separadas, y obviamente muchas también extintas, a las cuales se sucedieron rápidamente otras, radicalmente diferentes y sin «antecedentes» que anuncia-

[29] FONDI, *Organicismo ed evoluzionismo*, p. 297.

[30] MARCOZZI, «Controversie evoluzionistiche attuali», p. 40.

ban su advenimiento[31]: por ejemplo un caso clamoroso es el de la «explosión» biológica del Cámbrico que, incluso por la admisión del evolucionista Richard Dawkins, concierne a criaturas plenamente formadas e «inexplicablemente» surgidas de repente, es decir, sin ninguna historia evolutiva previa[32].

El propio Darwin admitió que la ausencia de cualquier cadena graduada entre las diversas formas vividas en el pasado, al evidenciar un gran número de especies que no parecían tener ni precursores ni sucesores, constituía «la objeción más obvia y seria que se pueda hacer a la teoría de la evolución». Ahora bien, aunque nos encontramos ya ante el importante número de unas 250.000 especies fósiles halladas, la documentación a favor de una transición progresiva de los vivientes continúa siendo totalmente deficiente[33].

Además hay que destacar que, en el curso del tiempo, el número total de las especies biológicas no se ha multiplicado en absoluto, como el «dogma» evolucionista habría requerido: desde el Ordovícico hasta hoy (es decir, sobre un arco de cerca de unos quinientos millones de años) no aparece ningún *phylum* orgánico nuevo, y así también para las clases individuales de cada *phylum*[34].

En definitiva, no hay absolutamente nada que sugiera una marcha «de lo simple a lo complejo», ni a nivel bioquímico, ni en la escala de las dimensiones, y ni tan siquiera en el número de cromosomas de los diferentes patrimonios genéticos, cuya distribución no parece correlacionada con ninguna dinámica progresiva.

---

[31]FONDI, *Organicismo ed evoluzionismo*, pp. 76-77.
[32]BLANCHARD, *Evoluzione, mito o realtà?*, p. 15.
[33]ibíd., p. 13.
[34]SERMONTI y FONDI, *Dopo Darwin*, p. 217.

El equívoco de la selección natural

Por otro lado, una evolución de tipo filético está en evidente contraste con la existencia de tantas especies que han permanecido prácticamente inmutadas desde eras antiquísimas[35]: algunas del Mesozoico o incluso del Cámbrico hasta hoy: algo sorprendente si además consideramos que el ambiente ha cambiado ostensiblemente muchísimas veces[36]. Se trata de especies que según la visión evolucionista deberían haberse extinguido hace tiempo (como por ejemplo el celacanto, desde el Cretácico), para ser superadas por otras «más adaptadas» para el ecosistema, pero en cambio han logrado, milagrosamente, permanecer indemnes en relación a la presión de un factor que los evolucionistas colocan en el centro de sus construcciones: la selección natural.

En las teorías evolucionistas, la función de esta es absolutamente central en la óptica de la eliminación de los individuos inadaptados y la preservación de los mejor adaptados.

Pero entonces hay que señalar que tal acción debería haber hecho surgir, mantener y acumular lentamente —en la perspectiva de un «mejoramiento continuo» de la biosfera— sólo las características de alguna utilidad esencial para el viviente; en cambio, es de una evidencia absoluta que en la naturaleza existe una tal, y verdadera sobreabundante, cantidad de características fenotípicas (perfumes, formas e incluso colores llamativos en especies que nunca ven la luz...) cuando nada, absolutamente nada, lo pretende y no aparecen vinculadas a ninguna razón plausible en el plano de la mera supervivencia. Se trata de elementos que, de hecho, Darwin no logró explicar nunca, admitiendo no estar vinculadas a un motivo razonable[37]. En otros términos, según Stuart Kauffman

---

[35] Véase NASR, *L'uomo e la natura*, 1977 (Rusconi, 1977), p. 131 o una edición más reciente NASR, *L'uomo e la natura*, 2017 (Rimini: Edizioni Il Cerchio, 2017)

[36] MANZI, *Evoluzione o creazione?*, p. 58.

[37] GONI, *Nietzsche e l'evoluzionismo*, pp. 48-49.

«*el mundo de los seres vivos está embellecido por una sobreabundancia de orden*» que parece tener justamente en sí misma una razón diferente de la meramente utilitarista[38].

Y sin embargo, desde una perspectiva no darwinista, la acción de la selección natural no ha sido nunca negada sino, más bien, se ha preferido enmarcarla de diferente forma, destacando una doble función, pero en todo caso nunca de «mejoramiento».

Por un lado, ejerce una función eminentemente conservadora y tiende, eliminando a los individuos anormales, a mantener una cierta estabilidad (por ejemplo, una situación uniforme o también un equilibrio polimorfo[39]. Entonces genera un impulso hacia la estabilización de las formas vivientes y, por tanto, desde un punto de vista más «cuantitativo», a no hacerlas divergir demasiado de sus valores medios, o en términos «cualitativos», a no alejarlas demasiado de su «tipo». En todo caso, al referirse a «valores medios» y a un «tipo», se trata de una dinámica que parece conciliarse mal con el concepto darwiniano de total fluidez de las especies y, en última instancia, de su profunda inconsistencia «ontológica».

Por otro lado, esta no puede tender, como hipotetiza el genetista Vavilov, hacia una marcada adaptación de los subtipos, pero esto a costa de una fortísima especialización que casi siempre conlleva un empobrecimiento biológico —por tanto no un enriquecimiento, no un «más»— respecto a la forma general[40] porque implica la hipertrofia de algunas funciones a expensas de otras, que nunca más se recuperarán[41]. De hecho, Vavilov considera que este evento se desarrolla en general en las zonas de frontera o «de nicho» del área originaria de la forma considerada, consecuencia de la progresiva desactivación de algunos genes con la consiguiente

[38]MONASTRA, «Natura archetipica», p. 12.

[39]FEDELI, *La cosmovisione di Giuseppe Sermonti*, p. 60. y SERMONTI y FONDI, *Dopo Darwin*, p. 49

[40]SERMONTI, *La Luna nel bosco*, p. 65.

[41]GEHLEN, *L'uomo*, p. 128.

emergencia de caracteres recesivos y la prevalencia de la homocigosis (mientras que, por el contrario, en el centro geográfico del origen, donde la especie no es solicitada por la presión selectiva, se verifica la mayor riqueza de formas y el máximo de variabilidad): pero se trata precisamente de subtipos que no tienen futuro, como «recluidos» en ecosistemas y situaciones ambientales extremas.

La selección natural, por tanto, nos dice muy poco sobre el nacimiento de la especie, pero, sin embargo,, nos cuenta mucho sobre la vida: y el hecho de que muchas formas vivientes hoy se hayan extinguido no avala en absoluto ninguna perspectiva «fluido-progresiva», porque mientras estas formas existieron, se han demostrado sustancialmente estables y también durante larguísimos periodos de tiempo, algunas incluso durante centenares de millones de años. Y esto, precisamente, gracias al inexorable mecanismo de la selección natural: luego, es evidente que pueden haber cambiado las condiciones ambientales y, por razones obvias, tales especies han decaído y se han extinguido.

En definitiva, podemos decir que el verdadero signo distintivo de la vida no viene representado por la mutabilidad sino, por el contrario, de la estabilidad: lo que cambia, y sobre lo cual hoy el evolucionismo se obstina en poner su lupa, es en realidad mucho menos esencial que lo que permanece, y que en cambio el evolucionismo tiende a descuidar[42].

Las mutaciones genéticas

Además de la selección natural, Sermonti[43] nos recuerda que actúan otros dos importantes mecanismos de la evolución orgánica: por otra parte, tampoco ellos son capaces de asegurar en lo viviente una tendencia «progresiva», de lo simple a lo complejo, siendo fundamentalmente conservadores, o incluso potencialmente

[42]FEDELI, *La cosmovisione di Giuseppe Sermonti*, p. 63.
[43]SERMONTI, «Le tre evoluzioni», p. 107.

degenerativos. Se trata del intercambio sexual (que favorece la continua recombinación de los patrimonios genéticos con el fin de evitar que estos puedan diferenciarse demasiado) y de la mutación genética casual (que, a escala general, tiende a crear homogeneidad o, en el límite —pero solo a nivel local— una cierta diversificación).

Este segundo mecanismo —ignorado tanto por Mendel como por Darwin— es el fenómeno degenerativo por excelencia, en la práctica representa la entropía en el patrimonio genético. Según las teorizaciones evolucionista-progresistas, la mutación casual debería llevar a un aumento de informaciones del genotipo y, por tanto, representar un elemento ventajoso y de mejora, para luego ser «exaltada», fijada y difundida por la presión selectiva. El problema es, sin embargo, que las mutaciones de este tipo nunca han sido observadas[44]. En cambio, casi siempre se ha constatado que las mutaciones genéticas son de diferente tipo: o degenerativas o neutras.

Las degenerativas son causa de un verdadero recorrido regresivo, como por ejemplo el fenómeno del parasitismo y quizás también de formas todavía más visibles de modificación morfológica y atrofia funcional con «despido» de órganos hasta su total desaparición (que no deben interpretarse como elementos «rudimentarios» en vías de formación, del tipo de las patas de las serpientes, que supuestamente derivarían de los lagartos[45]. En cambio, las neutrales no tienen impacto sobre la supervivencia de la especie y son completamente indiferentes a la selección natural: posición, esta, asumida por la escuela «neoclásica» que tiene como referentes a los genetistas japoneses M. Kimura y T. Ohta[46].

Por tanto, queda claro cómo el fenómeno de la mutación genética casual ha sido investido de una importancia que difícilmente

---

[44]BLANCHARD, *Evoluzione, mito o realtà?*, p. 35., SERMONTI y FONDI, *Dopo Darwin*, p. 52 y SERMONTI, *Evoluzionismo*, p. 115

[45]FLORI y RASOLOFOMASOANDRO, *Creazione o evoluzione?*, p. 121.

[46]SERMONTI y FONDI, *Dopo Darwin*, p. 51. y SERAFINI, «Da Darwin all'ordine della vita», p. 40

le corresponde: esto, en aquella formulación teórica neodarwinista definida como «Síntesis Moderna» que, entre los años 30 y 40 del siglo pasado, intentó reconciliar el fluido gradualismo de Darwin con los rígidos mecanismos descubiertos después por Mendel. Además, desde los años 70 en adelante, sobre dicha síntesis intervinieron Gould y Eldredge, considerándola todavía excesivamente gradualista, con la propuesta correctiva de los «equilibrios puntuados»[47] que al menos presentaba la ventaja de acoger las observaciones antes mencionadas, es decir, las larguísimas estasis de las especies vivientes y lo repentino de la llegada de las nuevas. Sin embargo, se trata todavía hoy de una hipótesis que, aunque partiendo de una valoración más objetiva del material fósil, no llega a poner en discusión el mecanismo de base de la construcción evolucionista, en cuanto a que se limita solo a modificar el ritmo y la dinámica: porque, precisamente, para todos los evolucionistas, independientemente de la «corriente» a la que pertenezcan, es principalmente la mutación genética casual de una especie, «filtrada» por el inexorable tamiz de la selección natural, lo que constituye el núcleo central sobre el que se apoya el proceso de formación de las formas sucesivas y, por definición, derivadas de las anteriores. Es decir, según un paradigma general que, en definitiva, no prescinde nunca de un «transformismo» de base.

Sin embargo, si la mutación genética no posee tal importancia en términos «funcionales-cualitativos», por las razones expresadas anteriormente, ni siquiera la tiene en términos «numérico-cuantitativos». De hecho, se ha constatado como una precisa «calibración« de estos «relojes moleculares» (un artificio que querría estimar la datación de las diferentes especies vivientes bajo el presupuesto de que estas se han generado únicamente en función del mecanismo «mutación-selección natural») resulta bastante problemática, desde el momento en que según sus estimaciones, muchos phyla biológicos deberían haber aparecido, teóricamente, hace centenares de millones de años antes respecto a lo que

[47]FEDELI, *La cosmovisione di Giuseppe Sermonti*, p. 81.

efectivamente constata la paleontología[48]. Un redimensionamiento análogo del impacto del mecanismo de la mutación genética, aunque en el marco más reducido de los orígenes humanos, puede deducirse también de las investigaciones de Grassé sobre las modificaciones observadas en muchas generaciones de bacterias que, multiplicándose a un ritmo 400.000 veces más rápido que los humanos, corresponden a un periodo evolutivo que para nosotros sería de millones de años; no obstante, el investigador no constató ningún cambio cualitativamente relevante[49].

El mecanismo de la mutación, por tanto, parece bien lejos de ser la causa profunda de la diferencia entre las especies: esto también porque se ha notado el hecho de que especies afines presentan análogas variedades morfológicas y evidencia el mismo cuadro de mutaciones, como si ello representase más un signo de unidad que causa de diversidad. En otros términos, más la evidencia de un parentesco a través de la compartimentación de una misma «ley de la forma», que marcador de un antiguo evento que ha llevado a su diferenciación.

Sin considerar que, incidentalmente, en el ámbito de la biología molecular hoy se abre paso cada vez más la idea de que un factor no secundario del proceso de fundación de las especies está constituido también por el aislamiento geográfico o reproductivo, variables que pueden llevar a diversificaciones importantes, especialmente a través del mecanismo de la «deriva genética», que también es casual pero no implica un error de transcripción del ADN transmitido, como precisamente sucede en la mutación. En el contexto de la «deriva genética» es importante destacar cómo la selección natural juega un papel modesto o quizás nulo[50]: un dato que nos encontramos siempre en el ámbito del pensamiento evolucionista debería sugerir, de todos modos, reflexiones profundas dada la

---

48 SCIORTINO, «Le date dell'evoluzione», p. 30.

49 BLANCHARD, *Evoluzione, mito o realtà?*, p. 34.

50 SERMONTI, «Le tre evoluzioni», p. 107.

importancia teórica que la selección natural ha jugado siempre desde Darwin en adelante.

Las grandes diferencias entre las especies

En cualquier caso, ampliando todavía más la mirada, ni siquiera el abanico de los diversos mecanismos que, de diferentes maneras, pueden impactar en el ADN (mutación, selección, recombinación sexual, deriva genética) parece proporcionar una razón convincente de la gran variedad morfológica de todas las especies vivientes. Y esto porque, en el fondo, el ADN no es otra cosa que la «fábrica de las proteínas», análoga a la industria de los ladrillos que suministran el material de construcción, efectivamente muy similar entre todas las formas vivientes, pero que tiene muy poco peso a la hora de determinar la arquitectura final de lo que se construirá[51]: exactamente como, por poner un ejemplo edilicio, son muy distintos los proyectos de una casa, un hospital, un albergue o un estadio de fútbol, aunque compartan materiales de construcción muy similares. El ADN habla entonces un lenguaje mucho más universal y, para las formas vivientes individuales, no destaca elementos específicos que justifiquen las peculiaridades morfológicas[52], mientras, por el contrario, explica bastante bien las diferencias, de mínima entidad, que existen dentro de las especies. El mismo ADN está presente en formas vivientes extremadamente diferentes (el ejemplo típico es el del gusano y la mariposa), o también se da el caso en el cual la misma especie presenta una sorprendente variabilidad fenotípica sin que, obviamente, su ADN mute... cada estación: la referencia es a esas formas de mimetismo animal y a las macroscópicas modificaciones del fenotipo (por ejemplo, los animales que se blanquean en invierno para confundirse con la nieve y se oscurecen en primavera, cuando ya no es

[51]BLONDET, *L'Uccellosauro ed altri animali*, p. 96.
[52]FEDELI, *La cosmovisione di Giuseppe Sermonti*, p. 63.

necesario), evidenciando así de forma clara que el traje mimético está vinculado a la temperatura estacional y no a variaciones sobre el plano genético.

Por tanto, la forma presenta una autonomía fundamental respecto al ADN y entonces su razón última reside en un nivel diferente del bioquímico, evidentemente supraordenado a este y que aún se nos escapa.

En los mismos ambientes biológico-científicos, por otra parte, se plantean reservas cada vez más importantes hacia el binomio darwinista «mutación genética-selección natural» como causa principal de las grandes diferencias morfológicas y funcionales entre las especies, es decir, la llamada «macroevolución»[53]. Otro discurso, en cambio, concierne a las variaciones de orden muy inferior, de aspecto y de función, observable dentro de las especies, es decir, la llamada «microevolución»[54] que a menudo presentan un carácter involutivo: estas, en efecto, encuentran un efectivo correlato a nivel de ADN. Se trata de un fenómeno bien conocido y absolutamente no negado por ningún biólogo, comparable a la actividad de los criadores para seleccionar diferentes razas caninas[55], pero esta es, sin embargo, una actividad que, conviene destacarlo, nunca ha llevado a la creación de nuevas especies.

Aquí, sin embargo, y a nuestro juicio, el discurso se vuelve más matizado y problemático, en la medida que sería necesario comprender bien cuáles son los límites precisos más allá de los que la «microevolución» no puede avanzar (teniendo también en cuenta que la selección realizada en una cría no es ciertamente una actividad natural y espontánea realizada en el ambiente) y cuanto peso tiene efectivamente el concepto de «estabilidad» de la especie. Desde esta perspectiva consideramos que hay que prestar atención para mantener un punto de equilibrio entre dos

---

[53]SARÀ, «L'evoluzione costruttiva», p. 64. y SERMONTI, *Rapporto sull'evoluzionismo*, p. 57

[54]BLONDET, *L'Uccellosauro ed altri animali*, p. 87.

[55]BRIENNE, *Per finirla con l'evoluzionismo*, pp. 127-28.

instancias opuestas. Es decir, por un lado no es aceptable la total «fluidez» de formas pensada por Darwin, por otro lado no parece ni tan siquiera sostenible un rígido «fijismo» de las especies, de inspiración creacionista. Más convincente nos parece el concepto de una, muy relativa, plasticidad de lo viviente, que se habría declinado a través de un limitado abanico de posibles «variaciones sobre el tema» alrededor de «tipos» principales: por ejemplo, pensamos en la proximidad entre formas como el burro, el caballo y la cebra. que parecen versiones diferentes de una forma primitiva que tenía un cierto, aunque limitado, grado de flexibilidad[56]. Por tanto, elaboraciones y esbozos que podrían haber partido de algunas formas-base pero sin llegar nunca a sobrepasar los confines taxonómicos de la «familia» zoológica[57], que, por ejemplo, para nosotros corresponde a la de los «homínidos».

El hombre

Un cierto grado de plasticidad que debemos admitir necesariamente si —y aquí llegamos al hombre— seguimos una visión profundamente diferente respecto a las hipótesis evolucionistas: es decir, simplificando, la procedencia de los actuales simios, e incluso de los homínidos extintos, a partir de una forma muy similar a la nuestra[58].

En esta dirección, un dato de una importancia fundamental que debemos tener presente viene constituido por el hecho de que, en términos anatómicos, la forma humana es extremadamente genérica y muy poco especializada[59], lo que lleva al hombre a

[56] NEGUS, «Uomo, creazione e reperto fossile», p. 133.

[57] FLORI y RASOLOFOMASOANDRO, *Creazione o evoluzione?*, p. 211.

[58] KURTEN, *Non dalle scimmie*, p. 3. y WEIDENREICH, *Scimmie, giganti e uomini*, p. 27

[59] BONIFACIO, *La caverna cosmica*, pp. 27-28.; BENOIST, *Uomini e animali*, p. 52; GEHLEN, *L'uomo*, p. 70; MONASTRA, *Le origini della vita*, p. 62; SERMONTI, *La Luna nel bosco*, pp. 60-63 y SERMONTI, *Evoluzionismo*, p. 72

acumular en sí características y aptitudes que se encuentran solo en especies muy diferentes entre ellas, un abanico tan variado de capacidades como ninguna otra forma biológica puede exhibir[60]. Konrad Lorenz destaca como no existe prácticamente ningún animal que pueda, en el plano de las prestaciones físicas, realizar la diversidad de ejercicio de las que es capaz incluso el hombre medio[61], y esto gracias a su ausencia de especialización y, contrariamente, a la presencia en él de un gran número de características anatómicas consideradas «primitivas».

Sin embargo, debemos «desintoxicarnos» preliminarmente del significado, profundamente distorsionado y engañoso, que el término «primitivo» ha asumido en el sentir común, precisamente a causa del omnipresente paradigma evolucionista. Esta perspectiva, con su enfoque progresivo fundado sobre la idea de una continua tendencia ascendente y de mejora de las formas biológicas, ha colocado inevitablemente en el pasado —y por tanto en lo «primitivo», en lo «primordial» y en lo originario— lo «simple» (que, como vimos antes, no ha existido nunca), lo elemental, y podríamos decir que también lo «brutal».

En nuestro horizonte, el término «primitivo» tiene un significado completamente diferente, es decir: embrionario, genérico, no específico, plástico e incluso en posesión de todas sus potencialidades.

Y es absolutamente desde esta óptica, por tanto, que debemos interpretar la «primitividad» de los rasgos humanos. Se trata de características primarias-originarias que son muy cercanas a las conformaciones «de base» del orden de los Primates actuales —podríamos decir «arquetípicas» de este— y también respecto a las que se encuentran en los restos paleontológicos de sus representantes más antiguos. Pero, elemento extremadamente significativo, son también rasgos que permanecen muy cercanos a las configuraciones iniciales del embrión en sus primeras fases de crecimiento

[60]BENOIST, *Uomini e animali*, p. 52.
[61]BENOIST, *Le idee a posto*, p. 95.

(como ya se ha dicho anteriormente, recordemos a Von Baer, quien consideraba que en el desarrollo del feto los organismos se desarrollan «de lo general a lo particular», de lo indiferenciado a lo especializado), el cual, de hecho, parece idéntico en todas las especies del orden, tanto que un embrión de simio —antes de «bestializarse», es decir, de asumir sus peculiaridades morfológicas — es prácticamente indistinguible de un embrión humano.

Estos rasgos «genéricos» que nos caracterizan son, por ejemplo, el cráneo esferoidal y privado de crestas o de arcos supraorbitarios, el foramen occipital colocado relativamente bajo y no posteriormente, el cerebro muy voluminoso respecto al cuerpo, el rostro ortognato, la dentadura menuda, la escasez de vello, la conformación en abanico de los dedos de la mano, la maduración sexual tardía y la gracilidad esquelética general. Todo esto hace del hombre casi un «niño eterno» y de fuerte tendencia «neoténica», término que precisamente hace referencia a la conservación también en la edad madura de muchas características infantiles, tanto físicas como psico-neurológicas, como, por ejemplo, la prolongada educabilidad[62].

En cambio, los del simio no son en absoluto rasgos «primitivos» sino al contrario, son «derivados», es decir, transformados respecto a los referentes arquetípicos, en cuanto diferenciados funcionalmente y especializados adaptativamente: por tanto, se trataría de rasgos posteriores, más recientes, aunque Sermonti hable de características «seniles» si se comparan con las nuestras, que serían claramente más «juveniles». Pero estas palabras no deben llevar al engaño: la «senilidad» de los simios no implica en absoluto mayor antigüedad y no debe ser entendida en términos temporales, sino que debe interpretarse en clave tipológica y, nos atreveríamos a decir, casi «espacial», es decir, en el sentido de un recorrido divergente completado a través de una fortísima especialización

[62]BOLK, *Il problema dell'ominazione*, p. 51.; LORENZ y BENOIST, *Intervista sull'etologia*, p. 66; MENARINI y NERONI, *Neotenia, dalla psicoanalisi all'antropologia*, p. 6 y PRATTICO, *Eva nera*, p. 30

adquirida[63]. Pero si tal proceso ha llevado a la «bestialización» de este homínido primordial, entonces es evidente que, como concepto general, la especialización biológica es del todo inconciliable con una hipótesis de evolución progresiva[64], pareciendo, en cambio, mucho más cercana a un proceso de verdadera involución.

Entonces es de esta manera que el simio se habría alejado de lo que, como decíamos antes, es el arquetipo formal de referencia: arquetipo al cual, en cambio, la línea humana habría permanecido claramente más cercana, y esto incluso mucho antes de que naciera el simio[65], desde el momento en que los restos más antiguos que antes se definían como «póngidos» —es decir, relacionados con los simios antropomorfos no humanos (gorila, orangután, chimpancé) — resultan bastante recientes, todos ellos del Pleistoceno[66]. He aquí por qué Louis Bolk, el anatomista holandés que expresó por primera vez el concepto de «fetalización» humana —sobre el cual después se insertó aquel otro, similar, de «neotenia»— definió como «conservador» el desarrollo del Homo Sapiens, en contraposición al «propulsivo» del simio[67], y el motivo por el cual estudios genéticos conducidos de manera independiente por más investigadores, como por ejemplo Morris Goodman y A.R. Templeton[68] han puesto en evidencia una velocidad mutacional mucho menor de la línea humana respecto a la del chimpancé (perteneciente a nuestra misma familia de Homínidos): sugiriendo, por tanto, también sobre este ámbito de estudio, la posibilidad de un antepasado común mucho más similar al hombre actual que al simio.

Añadamos que a tal orden de consideración, no serían extraños todos esos mitos, por ejemplo americanos, africanos, tibetanos

---

[63]GEHLEN, *L'uomo*, p. 128.
[64]FEDELI, *La cosmovisione di Giuseppe Sermonti*, p. 60.
[65]ibíd., pp. 87, 122.
[66]BONIFACIO, *La caverna cosmica*, p. 29.
[67]BOLK, *Il problema dell'ominazione*, p. 52.
[68]SERMONTI, *La Luna nel bosco*, p. 85.

y siberianos, según los cuales los simios, o varias tipologías de hombres-simio (por ejemplo el sasquatch o el yeti) habrían sido hombres de un ciclo anterior, o que, de todos modos, habrían degenerado[69] por haber cometido alguna infracción ritual grave: por lo demás, el propio Platón consideraba a los simios como humanos decaídos por haber perdido la «chispa divina»[70], concepción compartida hasta el siglo XIX por el naturalista Buffon, aunque despojada de las implicaciones sagradas y retomada en clave más materialista[71].

Sin embargo, Sermonti considera que el paso del hombre primigenio al simio no sucedió a través de lentas causas genéticas, sino mucho más rápidamente, como un colapso repentino, y que se trató de una metamorfosis similar, por ejemplo, a la que lleva del renacuajo a la rana[72], según una dinámica involutiva que también el paleontólogo Roberto Fondi también hipotetiza, en general, como algo que se desplegó por «saltos» y de una forma discontinua[73]; solo posteriormente, entre las dos especies así separadas, se habrían acumulado, pero con velocidades muy diferentes, las diferencias moleculares detectadas por Goodman y Templeton.

En cualquier caso, como decíamos anteriormente, el hombre no aparece «primitivo» y poco especializado solo en comparación con los simios actuales, sino también —obviamente en diferente medida— en relación a todos aquellos Homínidos, como Habilis, Erectus y Neanderthal[74] que, desde una óptica siempre involutiva, pero según una hipótesis más «gradualista», podrían haber representado las etapas intermedias de regresión humana en dirección póngida[75]: en cualquier caso, se trataría de líneas involutivas, todas

---

[69]PANETTA, *I pigmei e i pigmoidi africani*, p. 84.

[70]LORENZONI, *Il Selvaggio*, pp. 23, 36-37.

[71]POLIAKOV, *Il mito ariano*, p. 188.

[72]SERMONTI, *La Luna nel bosco*, p. 90. y FONDI, «La critica della scienza e il ripudio dell'evoluzionismo», p. 268

[73]FONDI, «La critica della scienza e il ripudio dell'evoluzionismo», p. 268.

[74]SERMONTI y FONDI, *Dopo Darwin*, pp. 287-89.

[75]ARTHADEVA, *Scienza e verità*, p. 54.

ellas más o menos laterales, oblicuas y aberrantes respecto a la línea central, la nuestra, cuyas diferencias morfológicas podrían haber sido causadas por una multiplicidad de factores, entre los cuales quizás el cronológico —es decir, el tiempo transcurrido desde la separación de la línea humana— podría haber estado entre los principales.

De ello necesariamente se sigue que tal línea, en claro contraste con lo sostenido por la actual paleoantropología, sería en realidad mucho más antigua de cuanto se había considerado hasta ahora: y, en efecto, hay que decir que subsiste, en tal dirección, un relevante número de hallazgos que por brevedad no podemos enumerar aquí[76] y que resultan bastante «incómodos» para la actual investigación científica. Una profundidad temporal, la del Sapiens, que, por otra parte, no encontraría ningún obstáculo desde el punto de vista de la cantidad de ADN necesario, ya que, desde esta perspectiva, el hombre habría podido aparecer perfectamente incluso en el antiguo Cámbrico de hace más de medio millón de años[77], no existiendo en esa época, como hemos visto, ninguna «simplicidad» primitiva desde el punto de vista bioquímico. Esta sorprendente perspectiva, por otro lado, parecería estar en coherencia con las hipótesis formuladas en su momento por diferentes investigadores (Klaatsch, Westenhofer, Dacquè, Samberger, Frechkop), según los cuales, el hombre se situaría sobre una línea filogenética del todo independiente, que superaría no solo la de la Familia de los Homínidos, sino también el Orden de los Primates y quizás llegaría incluso a sobrepasar la Clase de los mamíferos[78].

Está claro que tal hipótesis ensancha en gran medida el cuadro general e impone reflexiones de escala mucho más amplia respecto

[76]BLONDET, *L'Uccellosauro ed altri animali*, p. 100.; CREMO, *Le origini segrete della razza umana*, pp. 25-27, 31, 33; CREMO y THOMPSON, *Archeologia proibita*, pp. 185, 188, –189, 194-95, 204, 208, 213, 217; SERMONTI y FONDI, *Dopo Darwin*, pp. 287-89; MONASTRA, *Le origini della vita*, p. 63 y YAHYA, *L'inganno dell'evoluzione*, p. 99

[77]SERMONTI y FONDI, *Dopo Darwin*, p. 72.

[78]GEHLEN, *L'uomo*, p. 171.

a la, relativa a las relaciones de Homo Sapiens con las demás especies de la Familia de los Homínidos.

Como ya se ha dicho, una cierta «plasticidad biológica», a nuestro juicio, puede ser admitida hasta los límites taxonómicos de la Familia de pertenencia y el camino divergente de las diferentes especies allí comprendidas, a partir de un progenitor común, lo cual vendría testimoniado por la comparación entre las mutaciones detectadas en los respectivos genomas por Goodman y Templeton: en este contexto, sobre la base de las evidencias moleculares halladas (más allá, obviamente, de todas las demás evidencias anatómicas y paleontológicas ya expuestas aquí), hemos visto que, en efecto, es mucho más correcto afirmar que sea el simio el que desciende del hombre —y, con mayor razón, también todas las demás formas homínidas que son todavía menos distantes del Sapiens— antes que sostener lo contrario.

Pero si ahora ampliamos la perspectiva mucho más allá de los restringidos límites de los Homínidos, ¿es lícito afirmar —por analogía— que no solo los simios, sino incluso *todos los animales* descienden del hombre?

Está claro que se trata de una hipótesis de trabajo altamente hipotética y objetivamente muy exigente: sin embargo, consideramos que vale la pena intentar una breve reflexión también en torno a este interrogante.

Un punto interesante del cual podremos partir concierne a la existencia efectiva de muchos mitos que relatan cómo antiguamente los animales fueron del todo similares a los seres humanos y que sólo posteriormente adquirieron las características corpóreas particulares que distinguen a las diferentes especies[79]; un poco por todo el mundo, es decir, se narran muchas historias de «animalización» del hombre pero, significativamente, nunca relatos que describan el recorrido inverso[80]. Sin embargo, más allá de los mitos

[79] BONGIOANNI y COMBA, *Bestie o Dei?*, p. 41.

[80] SERMONTI, *Evoluzionismo*, p. 75.

tradicionales de las poblaciones a nivel etnológico, podemos decir que esta huella permanece de manera efectiva también en las concepciones más elaboradas y cercanas a nosotros. Por ejemplo, en el ámbito cristiano, al menos antes de la controvertida adhesión a las teorías evolucionistas, estaba arraigada la convicción de que cada forma animal presuponía ontológicamente la existencia de la humana[81], vista como más «central» y originaria que todas las demás, tanto que para Meister Eckhart los animales representan realidades imperfectas y sus «enfermedades»[82]. También, según Herder, el hombre es el ser «intermedio» entre todos los animales de la tierra, sus imágenes fragmentadas y deformadas[83] que Edgar Dacqué no duda en enmarcar como formas descendidas involutivamente de la humana aunque no de la especie humana actual sino de un tronco primordial, del cual el Homo Sapiens constituiría el heredero más directo[84]. En el ámbito tradicionalista, Frithjof Schuon atribuye al hombre una inteligencia «total» mientras que la animal solo es «parcial»[85], mientras que Julius Evola habla explícitamente de una lucha entre el «principio humano primordial contra las potencialidades animales que él llevaba en sí»[86].

Pero nos permitimos subrayar cómo todo esto no debe hacernos caer en el error exactamente opuesto al que cometen desde las teorías evolucionistas-progresistas: es decir, si antes señalamos la carencia de una cadena gradual ininterrumpida de formas que testimonien una continua transición ascendente de los vivientes, no es lógico proponer una línea en la dirección inversa que, sin embargo, permanecería siempre, de manera problemática, corta de «eslabones perdidos». En otros términos, el transformismo a muy

[81]BARAZZETTI, «Il mistero della corporeità originaria e l'equivoco dell'evoluzionismo», p. 59.

[82]ECKHART y VANNINI, *Commento alla Genesi*, p. 86.

[83]VOEGELIN, *Razza, storia di un'idea*, p. 179.

[84]ARVO, «L'origine delle specie secondo l'esoterismo», p. 203. y EVOLA, *I saggi della Nuova Antologia*, p. 17

[85]SCHUON, *Sulle tracce della religione perenne*, p. 10.

[86]EVOLA, *Rivolta contro il mondo moderno*, p. 225.

gran escala, es decir, la llamada «macroevolución» postulada en el marco darwiniano, debe siempre someterse a una severa crítica, *independientemente de la dirección de marcha elegida*: ya sea del animal al hombre o del hombre al animal.

He aquí por qué consideramos muy útiles las indicaciones de Roberto Fondi —paleontólogo de la Universidad de Siena que en 1980 escribió el fundamental «*Dopo Darwin*» con Giuseppe Sermonti— quien destaca que la idea según la cual el animal desciende del hombre sólo puede entenderse en sentido superhistórico y tipológico, no en el directamente biológico, histórico y transformista: es decir, en el sentido de que cada forma animal puede ser considerada como una extrinsecación de sólo algunas de las innumerables potencialidades implícitas en el ser humano, todas las demás permanecen inexpresadas o limitadas[87].

Arquetipos

Es decir, habría —añadimos nosotros sobre la base de la idea de Edgar Dacqué— unas líneas de descendencia «inmateriales» que escapan por completo a la historia y el tiempo. A partir de un impulso formador común y todavía «pre-biológico», se desprenderían, es decir (usamos a propósito el tiempo presente y no el pasado) diversas ramas laterales para producir, en la periferia, las diferentes especies animales, morfológicamente cada vez más distantes del hombre cuanto más «atrás» —en términos tipológicos, no necesariamente cronológicos— estos se encuentran respecto al eje central de esta dinámica. Como se ha dicho, la materialización más directa y central de esta sería la representada por el Homo Sapiens[88], que probablemente conserva todavía una memoria muy lejana de este estado indistinto y suprabiológico en los mitos que

[87]FONDI y EVOLA, «Julius Evola e la scienza moderna», p. 28. y FONDI, «La critica della scienza e il ripudio dell'evoluzionismo», p. 268

[88]ARVO, «L'origine delle specie secondo l'esoterismo», p. 203. y EVOLA, *I saggi della Nuova Antologia*, p. 17

recuerdan como el hombre se habría vuelto mortal solo a partir de un cierto momento en adelante[89].

Consideramos que la teoría de Dacqué puede recordar, aunque con algunas diferencias fundamentales, a las del zoólogo Pierre-Paul Grassé, el cual negaba también la derivación recíproca «transformista» de las distintas especies vivientes, viéndolas todas, en cambio, como radiaciones independientes a partir de una línea común —subterránea, plástica y totipotencial— que definió la «línea de las madres»: pero para Grassé esta línea no se sitúa precisamente sobre el lado «inmaterial» porque esta tiene una función diferente: precisamente la de proporcionar a estos impulsos formadores la base material, es decir, el ADN, para su biologización. En cualquier caso es un esquema que, muy significativamente, prevé para cada especie viviente que ha llegado a la luz la imposibilidad de la generación de otras formas, algo posible solo en la línea materna que permanece indiferenciada y primordial[90].

El aspecto que consideramos particularmente interesante de la hipótesis de Grassé —y que pone también en evidencia la diferencia con la teoría de Dacqué— está en el hecho de que esta, sin embargo, no explica las causas que impulsan a esta línea materna a materializarse a veces en una forma y otras veces en otra, y consideramos que quizás una solución se puede vislumbrar intentando integrar las dos perspectivas. El árbol de Dacqué podría ser interpretado como el conjunto de los varios «arquetipos», de las «ideas inmateriales» o de las «formas primarias», es decir, aspectos «cualitativos» y «verticales» que, en contraposición a la horizontal «línea de las madres», de Grassé, podríamos definir por analogía como «línea de los padres»: una fuente, esta, no totipotencial, es decir, indefinidamente plasmable como la línea materna, pero capaz de expresar un número elevado aunque no ilimitado de «formas», como señala el matemático René Thom.

---

[89]ELIADE, *Mito e realtà*, p. 45.

[90]FEDELI, *La cosmovisione di Giuseppe Sermonti*, pp. 81, 83.

Nuestra hipótesis es, por tanto, que podría ser precisamente el cruce de esta línea de los padres con la línea de las madres lo que «lleva a la existencia» a las diferentes especies vivientes.

Los arquetipos paternos, por otra parte, aparecen jerarquizados en más niveles, parecen partir de las entidades geométricas de base para poco a poco hacerse cada vez más articulados, casi como si representaran la solución de funciones algebraicas, entrelazándose y comprendiéndose unos a otros[91]. También hay que subrayar que a estas «ideas esenciales» no les es necesaria la «vida» —esta es suministrada por la vía materna— y, de hecho, encuentran la forma de manifestarse en el mundo mineral a través de formas geométricas de una precisión y regularidad impresionantes, incluso sin la presencia de un ADN que contenga una instrucción memorizada; por tanto, el hecho de que tales formas se manifiesten también en el mundo no viviente, indica cómo tienen un origen ajeno y diferente del plano estrictamente biológico de los seres.

En la jerarquización de estos arquetipos, un nivel más específico y probablemente correspondiente al diseño de Dacqué, podría ser justo el de las «ideas» relativas a las diferentes especies vivas, que encontraría aquí —y no, como hemos visto, en el ADN— el motivo de su diferencia: la raíz última de la «especie» que, por tanto, es algo invariable y debe entenderse en sentido ontológico, espiritual y cualitativo-esencial[92]. Cuando esta idea «paterna» e incorpórea encuentra la «línea de la madre» se materializa, de ahí la asociación conceptual entre «mater» y «materia», principio cuantitativo-sustancial[93] que, literalmente «da sustancia» en el sentido de «cuerpo», a la idea arquetípica. Como consideraba el

---

[91]BURCKHARDT, *Scienza moderna e saggezza tradizionale*, p. 114.

[92]BARAZZETTI, «Il mistero della corporeità originaria e l'equivoco dell'evoluzionismo», p. 59.; COGNETTI, *L'arca perduta*, p. 210; DI VONA, *Evola, Guénon, De Giorgio*, p. 440; GUÉNON, *Il Regno della Quantità e i Segni dei Tempi*, p. 21 y NASR, *L'uomo e la natura*, 1977 (Rusconi, 1977), p. 128

[93]GUÉNON, *Il Regno della Quantità e i Segni dei Tempi*, p. 29.

biólogo D'Arcy Wentworth Thompson, la materia no hace más que reproducir un reflejo, en un plano más bajo, de lo que las ideas formales y geométricas expresan sobre planos más elevados[94].

En cualquier caso, con toda probabilidad, las modalidades del cruce entre la línea de los padres y la línea de las madres —que podremos hacer corresponder a lo que, en términos macrocósmicos, son el Cielo y la Tierra— no son tan simples e implican dinámicas bastante articuladas. Si, simplificando, probamos a hacer una analogía a escala microcósmica, la primera puede corresponder al «Espíritu» y la segunda al «Cuerpo», pero si consideramos el tradicional ternario Nous-Psyché-Soma, vemos claramente que entre estas dos polaridades extremas existe una ulterior dimensión que, desde un cierto punto de vista, aparece como intermedia: es, precisamente, la psíquico-anímica, que no ha sido todavía considerada pero donde, presumiblemente, deben intervenir muchos factores determinantes para el resultado de tal cruce.

Por tanto, serán diferentes los resultados del encuentro entre el arquetipo —Luz «espiritual» y «supraformal»— con este ámbito intermedio/etérico, que en realidad es el plano de paso entre la manifestación universal y la totalidad de la individual: definido como «antariksha» en términos hindúes, tal nivel es, de hecho, el punto a partir del cual proceden todas las posibilidades de tal manifestación, definible también como «formal»[95]. Y es precisamente desde aquí en adelante que se despliegan todos los posibles estados de la corporeidad de los entes, de aquellos más «sutiles» hasta los más bajos y densificados[96] dado que, desde este otro punto de vista, el Espíritu aparece radicalmente trascendente respecto a Psyché-Soma[97], ahora considerados como una pareja relativamente homogénea.

---

[94]FEDELI, *La cosmovisione di Giuseppe Sermonti*, p. 14.
[95]COOMARASWAMY, *Induismo e buddismo*, p. 30.
[96]SCHUON, *Dal divino all'umano*, pp. 61, 62, 67.
[97]GUÉNON, *Il Demiurgo e altri saggi*, p. 52.

En otros términos, la manifestación individual (o formal) representa el ambiente cósmico en el cual viene a proyectarse tal influjo espiritual, o supraformal, «condicionándolo» de forma más o menos marcada: podríamos comparar estas condiciones con «refracciones», y angulaciones más o menos amplias, sufridas por un rayo luminoso respecto a su dirección originaria. El arquetipo —es decir, la imagen primaria— es lo mismo, pero su refracción múltiple genera un «campo de dispersión» análogo. Por poner un ejemplo, a un área luminosa proyectada sobre una pantalla cinematográfica y que, a nuestro juicio, corresponde, en términos biológicos, al espacio ocupado por una Familia zoológica específica: familia, no obstante, compuesta por especies que están emparentadas entre sí porque, en última instancia, se hallan vinculadas a la misma imagen-raíz, al mismo «tipo» (ejemplo: hombre, chimpancé, gorila, orangután...; caballo, burro, cebra, onagro...; lobo, zorro, perro, coyote...).

Sin embargo, dentro de este área podemos imaginar que existe una especie más «central», es decir, que se sitúa perfectamente «en eje» respecto a la dirección del rayo arquetípico, sin ninguna desviación: en otros términos, poco o nada «condicionada» por el ámbito cósmico-formal en el cual se proyecta. Esta especie, por tanto, mantiene una mayor «originariedad», pero también una mayor plasticidad respecto al resto de las especies hermanas, cada vez más periféricas según la deformación sufrida por la imagen de partida: son, por consiguiente, especies que, en contraposición, aparecen más «condicionadas» por el contexto cósmico-formal, y entonces más especializadas y también más «cristalizadas» en términos morfológicos. En definitiva, más «hijas» del ambiente respecto a la forma central: exactamente como es el hombre en relación, por ejemplo, al chimpancé. Y, en cualquier caso, a todas es la línea materna horizontal la que ofrece el ADN de base, «biologizándolas» y confiriéndoles la corporeidad más densa, donde, a nivel molecular, las diferencias relativas resultarán ser el espejo y representación de tal distancia recíproca.

Proponemos otra imagen: el rayo arquetípico se «excava» su propio canal en el tejido sutil/etérico del ámbito intermedio para cada especie que es producida biológicamente por la línea materna, y el hecho de que este «canal» lleve los elementos formativo-cualitativos hacia la materialidad lo convierte, más allá del ADN, en un segundo factor hereditario de la especie. Probablemente estos «túneles» actúan sobre el ADN de la línea materna activando o dejando inertes algunos genes respecto a otros, y de todos modos permanecen como una suerte de «identidad sutil» de la especie que acompaña en el curso de sus generaciones. Estos canales podrían corresponder a aquellos que Rupert Sheldrake llama «campos morfogenéticos», mencionados también por Giuseppe Sermonti.

Conclusión

Es evidente, para concluir nuestra introducción, cómo este enfoque se impulsa más allá del limitado espectro de la materia.

El investigador académico, muchas veces prisionero de un paradigma mecanicista, no se sitúa ni tan siquiera en el orden de las ideas de preguntarse por las razones profundas del fenómeno observado: cuando no sabe responder —y esto sucede muy a menudo — habla de «azar». Pero el «azar» no puede ser un «principio». Es solo un término-paravento que esconde nuestra ignorancia y limita el aliento de nuestra indagación.

Justamente Sermonti recuerda que el haber privilegiado el plano molecular de investigación ha llevado a despreocuparse del de las formas, precisamente porque habiendo situado el «azar» en la raíz de todo, para el evolucionista las formas podrían haber seguido caminos completamente distintos: por tanto, para él este tema es del todo inesencial. En realidad, es exactamente lo contrario. En el ámbito biológico aquello que —literal y también metafísicamente— es «esencial» se encuentra precisamente en ese nivel de la realidad donde nacen las formas y donde estas se diferencian. Y, como ya hemos visto, esto no ocurre en el plano de la materia y del ADN, sino «en otro lugar». Para explicar las maravillosas simetrías, las armonías y las jerarquías presentes tanto en el mundo de los seres vivos como en el mineral, a nivel macroscópico y microscópico, hablar de «azar» es francamente pueril. Como nos parece insostenible también intentar explicar la existencia del mecanismo biológicamente perfecto con las leyes de la disolución, o aquello que es expresión de un «orden» con las leyes del «desorden» y del caos.

Pero, a fin de cuentas, el problema no está constituido por la investigación científica en sí, es decir, por las evidencias factuales. Los datos objetivos, tomados de manera independiente, pueden corroborar teorías de muy diverso tipo, pero como nos recuerda el paleontólogo Roberto Fondi, es absurdo pensar que estos puedan estar en contraste con las cosmologías tradicionales[98]: porque narran la misma historia, cuentan la misma realidad.

El problema, más bien, viene constituido por la «mentalidad» del investigador, que hoy casi parece temer lo «bello»: porque acoger tal belleza, mirarla como se hace con una obra de arte, implica presagiar la existencia de niveles de realidad, o incluso de un Principio primero, que puedan ser artífices de tal belleza. Y esto con todas las implicaciones filosóficas y morales que puedan derivarse.

Por tanto, mejor descomponer la realidad —cortarla a pedazos, materializarla y banalizarla— más que tender al «todo» en su realidad más profunda.

Un «todo» que, en cambio, Giuseppe Sermonti no teme captar, con su visión holística/arquetípica y su lenguaje fundamentalmente neoplatónico[99] y que, al final, le hace escribir: «*la única culpa de la que me confieso es la vaga percepción de algo constante en el universo que no me atrevo a llamar Dios*[100]».

[98] FONDI, «La critica della scienza e il ripudio dell'evoluzionismo», p. 263.
[99] FEDELI, *La cosmovisione di Giuseppe Sermonti*, pp. 83, 88.
[100] ibíd., p. 13.

Referencias bibliográficas

Agnoli, Francesco, y Alessandro Pertosa. *Contro Darwin e i suoi seguaci.* Fede e Cultura, 2006.

Arthadeva, Basilio M. *Scienza e verità.* Edizioni Logos, 1987.

Arvo. «L'origine delle specie secondo l'esoterismo». En *Introduzione alla Magia.* Edizioni Mediterranee, 1987.

Barazzetti, Enrico. «Il mistero della corporeità originaria e l'equivoco dell'evoluzionismo». *Sacra Doctrina*, n.º 5 (1998). Anno 43°.

Benoist, Alain de. *Le idee a posto.* Akropolis, 1983.

———. *Uomini e animali: Il posto dell'uomo nella natura.* Diana Edizioni, 2014.

Blanchard, John. *Evoluzione, mito o realtà?* Passaggio, 2004.

Blondet, Maurizio. *L'Uccellosauro ed altri animali: La catastrofe del darwinismo.* Effedieffe, 2002.

Bolk, Louis. *Il problema dell'ominazione.* DeriveApprodi, 2006.

Bongioanni, Alessandro, y Enrico Comba. *Bestie o Dei? L'animale nel simbolismo religioso.* Ananke, 1996.

Bonifacio, Antonio. *La caverna cosmica: La potenza dello shamanismo nell'arte rupestre paleolitica.* Simmetria edizioni, 2005.

Brienne, Daniel Raffard de. *Per finirla con l'evoluzionismo: Delucidazioni su un mito inconsistente.* Il Minotauro, 2003.

Burckhardt, Titus. *Scienza moderna e saggezza tradizionale.* Borla, 1968.

Cavalli Sforza, Luigi Luca. *Il caso e la necessità: Ragioni e limiti della diversità genetica.* Di Renzo Editore, 2007.

Cognetti, Giuseppe. *L'arca perduta: Tradizione e critica del moderno in René Guénon.* Angelo Pontecorboli Editore, 1996.

Coomaraswamy, Ananda Kentish. *Induismo e buddismo.* Rusconi, 1994.

Cremo, Michael. *Le origini segrete della razza umana.* OM Edizioni, 2008.

CREMO, Michael, y Richard THOMPSON. *Archeologia proibita: La storia segreta della razza umana.* Gruppo Editoriale Futura, 1997.

DI VONA, Piero. *Evola, Guénon, De Giorgio.* SeaR Edizioni, 1993.

ECKHART, Meister, y Marco VANNINI. *Commento alla Genesi.* Marietti, 1989.

ELIADE, Mircea. *Mito e realtà.* Borla, 1993.

EVOLA, Julius. *I saggi della Nuova Antologia.* Ar, 1982.

———. *Rivolta contro il mondo moderno.* Edizioni Mediterranee, 1988.

FEDELI, Alberto, ed. *La cosmovisione di Giuseppe Sermonti.* Roma: Solfanelli, 2012.

FLORI, Jean, y Henri RASOLOFOMASOANDRO. *Creazione o evoluzione?* Edizioni ADV, 2005.

FONDI, Roberto. «La critica della scienza e il ripudio dell'evoluzionismo». En *Testimonianze su Evola*, editado por Gianfranco DE TURRIS. Edizioni Mediterranee, 1985.

———. *Organicismo ed evoluzionismo: Intervista sulla nuova rivoluzione scientifica.* 1984.

FONDI, Roberto, y Julius EVOLA. «Julius Evola e la scienza moderna: Alcune note critiche sul pensiero del grande tradizionalista». En *Sapientiam scire: Rassegna scientifica trimestrale di storia, arte, filosofia della Unione Legion d'oro e Accademia tiberina.* 1995.

GEHLEN, Arnold. *L'uomo: La sua natura e il suo posto nel mondo.* Mimesis, 2010.

GONI, Enrico. *Nietzsche e l'evoluzionismo.* Italia: Edizioni all'insegna del Veltro, 1989.

GUÉNON, René. *Il Demiurgo e altri saggi.* Adelphi, 2007.

———. *Il Regno della Quantità e i Segni dei Tempi.* Adelphi, 1995.

KURTEN, Bjorn. *Non dalle scimmie.* Einaudi, 1972.

LORENZ, Konrad, y Alain de BENOIST. *Intervista sull'etologia.* 1979.

LORENZONI, Silvano. *Chronos. Saggio sulla metafisica del tempo.* Carpe Librum, 2001.

———. *Il Selvaggio: Saggio sulla degenerazione umana.* Edizioni Ghénos, 2005.

MANZI, Rocco. *Evoluzione o creazione?* Laurenziana, 2004.

MARCOZZI, Vittorio. «Controversie evoluzionistiche attuali». *La Civiltà Cattolica* 1 (1989).

MENARINI, Raffaele, y Gabriella NERONI. *Neotenia, dalla psicoanalisi all'antropologia.* Borla, 2009.

MICHOLLET, Bernard. «L'evoluzione e l'immagine dell'essere umano: Saggio d'interpretazione della imago Dei». *Concilium* 36, n.º 1 (2000).

MONASTRA, Giovanni. *Le origini della vita.* Il Cerchio, 2000.

———. «Natura archetipica: Vincoli morfologici e gerarchici in biologia». En *Avallon.* 2007. Seppellire Darwin?

NASR, Seyyed Hossein. *L'uomo e la natura.* Rusconi, 1977.

———. *L'uomo e la natura.* Editado por Adolfo MORGANTI. Rimini: Edizioni Il Cerchio, 2017.

NEGUS, Michel Robert. «Uomo, creazione e reperto fossile». En *Quale evoluzionismo ?* Terre Sommerse, 2012.

PANETTA, Ester. *I pigmei e i pigmoidi africani.* Guanda, 1959.

POLIAKOV, Leon. *Il mito ariano: Le radici del razzismo e dei nazionalismi.* Editori Riuniti, 1999.

PRATTICO, Franco. *Eva nera.* Codice Edizioni, 2007.

SARÀ, Michele. «L'evoluzione costruttiva: Una nuova idea d'evoluzione». En *Avallon.* 2007. Seppellire Darwin?

SCHUON, Frithjof. *Dal divino all'umano.* Edizioni Mediterranee, 1993.

———. *Sulle tracce della religione perenne.* Edizioni Mediterranee, 1988.

SCIORTINO, Luca. «Le date dell'evoluzione». *Le Scienze*, 2004.

SERAFINI, Stefano. «Da Darwin all'ordine della vita: Le ragioni di una rivoluzione». En *Atrium, numero speciale sull'evoluzionismo*, editado por Stefano SERAFINI. 2007.

SERMONTI, Giuseppe. *La Luna nel bosco: Saggio sull'origine della scimmia.* Rusconi, 1985.

———. *Le forme della vita: Introduzione alla biologia.* Armando editore, 1981.

———. «Le tre evoluzioni». En *Atrium, numero speciale sull'evoluzionismo*, IX, editado por Stefano SERAFINI. 2007.

SERMONTI, Giuseppe, y Roberto FONDI. *Dopo Darwin: Critica all'evoluzionismo.* Rusconi, 1980.

SERMONTI, Rutilio. *Evoluzionismo: scienza o frode?* Scripta manent diffusione libraria, 2005.

———. *Rapporto sull'evoluzionismo.* Il Cinabro, 1985.

VOEGELIN, Eric. *Razza, storia di un'idea.* Medusa, 2006.

WEIDENREICH, Franz. *Scimmie, giganti e uomini.* Casa Editrice Renzo Cortina, 1956.

YAHYA, Harun. *L'inganno dell'evoluzione.* Edizioni Al Hikma, 1999.

ZALINO, Ubaldo. «Cosmologia e evoluzionismo». *Rivista di Studi Tradizionali*, n.º 35 (1971).

Prefacio

A PESAR DE LAS CONTROVERSIAS que esta pequeña obra ha suscitado, tanto en Italia como en Estados Unidos, ella no tiene nada que ver con la disputa entre evolucionistas y creacionistas. Los primeros propugnan una teoría errónea (que ellos mismos han contradicho de manera reiterada), los segundos ninguna teoría («Solo Dios sabe...»). El título *Olvidar a Darwin* (En Estados Unidos, «*Why is a Fly not a Horse?*») indica precisamente la aspiración a una biología liberada de esa antigua disputa. Tampoco yo tengo una «teoría del todo» personal que proponer, para corregir el extravío ajeno. El error es una falsificación de la verdad, pero la verdad no es la falsificación de un error.

El libro es una antología de paradojas biológicas, a partir de las cuales intento introducir un poco de sensatez. El interés por la evolución está cediendo su lugar al sueño fáustico de la vida generada *in vitro*, a través de la ingeniería genética (prólogo). Vuelve el ave fénix de la «generación espontánea», tres veces contradicha y tres veces renacida de sus cenizas (cap. 1). La primera paradoja de la biología es como gérmenes indistinguibles producen seres muy diferentes, y como en lugares y tiempos remotos emergen formas semejantes (cap. 2). En la búsqueda de qué es lo que marca la diferencia, los biólogos se han dedicado a la dimensión microscópica-molecular; pero mirando el árbol demasiado de cerca, han perdido de vista el bosque (cap. 3). A menudo sucede que una condición se realiza a través de su opuesto; sabemos, por ejemplo, que para mantenerse erguido en una bicicleta es mejor balancearse un poco, y para permanecer iguales hay que cambiar siempre (*El*

Gatopardo) (cap. 4). La paradoja de la información es esta: que el pajarito puede aprender solo aquellos cantos que son innatos en él (cap. 5).

«*¿Por qué una mosca no es un caballo?*» es la pregunta más inquietante, que surge de la paradoja de que cuanto más descendemos al corazón molecular de los organismos, más iguales parecen estos (cap. 6). Que el hombre no desciende de un mono os lo garantizo; y no está lejos de la verdad la conclusión paradójica de que precisamente esta especie (el hombre) que la Biblia y Darwin colocan en la cúspide de la historia, posee la anatomía, y el ADN, más antiguos y primordiales (cap. 7). Los misterios inexpresados del mundo están en nosotros, pero los hemos olvidado; si los aprendemos es porque ya los habíamos sabido (cap. 8). Se avanza la hipótesis de que formas predestinadas y misteriosas, también presentes en nuestro pensamiento, anticipan las formas de vida, y nos permiten leerlas (cap. 9). Estas formas no están prescritas en los genes, y existían antes de la vida, como cristales de nieve, antes de que los genes aprendieran a reproducirlas (Lima-de-Faria) (cap. 10). La «mente» viene antes que el cuerpo; es ella la que conforma el cuerpo y reconoce sus ideas en las formas y funciones biológicas (cap. 11). El mundo se asemeja más a un sueño que a un sistema geométrico, y también las nubes tienen su propia matemática (cap. 12). Si todo es psique, podemos imaginar moléculas que se comuniquen a distancia (cap. 13), danzando al unísono como en un gran ballet (cap. 14). En el límite, se puede copiar aquello que aún no ha existido (cap. 15). El último capítulo presenta una propuesta (de Grassé): que las formas vivientes surgen de una elusiva «línea de las madres», como brotes laterales de un estolón subterráneo de fresa, como hermanas, sin descender unas de otras. Este modelo nos permite una salida de la pre-darwinista «paradoja de Murchison» (la aparición súbita de todos los tipos de animales en el Cámbrico) y del contrasentido de que formas similares aparezcan en áreas remotas y no comunicadas de la geografía o de la historia («paradoja de Hooker») (cap. 16). En el Apéndice, añadido en esta edición, se examina la relación creación-evolución, no como conflicto, sino como parentesco filológico. La evolución es una variante laica y moderna de antiquísimas cosmogonías.

Agradezco a David Berlinski este comentario a la edición inglesa de mi libro: «*¿Es el libro de Sermonti a menudo poético, metafórico e indefinido* (inconclusivo)? *Naturalmente sí. Pero al menos Sermonti sabe lo que muchos biólogos darwinianos han olvidado o prefieren ignorar: que, ante la ignorancia científica, la poesía, la metáfora y la indefinición son todo lo que tenemos y, en las manos adecuadas, a menudo más de lo que se necesita*» (trad. mía).

Prólogo: «La Evolución está muerta»

EN LA PRIMAVERA DE 1982 FUI INVITADO, en la Casina Pío IV, en los jardines vaticanos, a un congreso de la Academia de las Ciencias sobre la Evolución de los Primates. Al llegar al final, hubo que extraer una conclusión y el paleontólogo sudafricano Phillip Tobias propuso que se declarara que el origen del hombre y de los primates se enmarcaba dentro de la Teoría de la Evolución. Les objetó Jéróme Lejeune, citólogo francés: «*A Theory of Evolution does not exist!*» (*¡No existe una teoría de la evolución!*). Nadie se aventuró a formularla y se llegó a la salomónica conclusión de que los trabajos habían probado «el concepto de la descendencia divergente del hombre y de los primates».

En realidad, nunca ha existido una «teoría» científica de la evolución. La «descendencia divergente es una forma elusiva de declarar la parentela entre los vivientes, mientras que la evolución plantea el problema de las vías y de los mecanismos a través de los que las especies separadas se han movido por los senderos del mejoramiento biológico: de la ameba al elefante, de la bacteria al hombre, o, como se prefiere hoy, «*De las moléculas al hombre*». Las definiciones del concepto de evolución se deben buscar todavía hoy en los diccionarios literarios. El *Webster* la define como (b, 1): «*un proceso de cambio continuo de una condición inferior, más simple o peor a un estado superior, más complejo o mejor*». El *Devoto-Oil* no se aleja mucho: «*Proceso incesante basado en diversos factores que consiste en el paso lento y gradual de los organismos vivientes de formas inferiores y rudimentarias a formas cada vez más complejas*».

En realidad el Evolucionismo no es más que un paradigma, una metodología o una teoría. Para sus defensores modernos es un proceso que ha ocurrido por «causas naturales» (G. Montalenti), es decir, físico-químicas, «causas» que constituyen su definición. El hecho de que haya sido continuo, incesante, gradual y mejorativo no interesa mucho a sus cultores y algunos lo dudan, mientras otros lo consideran irrelevante.

Haremos un breve examen de estas causas, o mecanismos, con una premisa general: todas estas causas físicas o son degenerativas o son conservativas, y ninguna de ellas asegura, por tanto, el paso de lo simple a lo complejo. Entre ellas hay una vaga promesa de progreso, pero en un sentido tautológico y trivial, y una concesión a la gradualidad, que la observación factual parece, sin embargo, excluir o, cuanto menos, no demostrar.

La ley fundamental que la adopción del fisicalismo ha importado en la biología es el famoso segundo principio de la termodinámica o principio de la «*entropía*». En virtud de esta ley cada sistema aislado tiende a la uniformidad, al nivelamiento, como un castillo de arena que el tiempo allana y que ningún futuro puede jamás reconstruir. Otro enunciado del segundo principio es este: «un sistema aislado no pasa dos veces por un mismo estado». El término «entropía» significa precisamente «evolución» y expresa la tendencia del mundo físico a proceder hacia el desorden, es decir, exactamente lo contrario de lo que el término «evolución» significa para el biólogo. Jacques Monod (1969) acoge la entropía en la evolución biológica adoptando su imperativo de irreversibilidad: la evolución no vuelve sobre sus pasos. Pero frente a la vocación entrópica de arrasar la complejidad, de desbaratar los castillos de arena, se las arregla con un sofisma. El principio de la entropía, razona, es una ley estadística. Esto no excluye, por tanto, que por una brevísima duración y por un movimiento de pequeñísima amplitud, un sistema macroscópico pueda remontar un poco la pendiente de la entropía. Si se dispusiera de un mecanismo capaz de capturar e inmovilizar estos únicos y fugaces pasos hacia atrás, se podría construir desde lo simple lo complejo, del desorden el orden y desde la extensión de arena el castillo.

Para él, el mecanismo existe: es la Selección Natural acumulativa. Pero para construir un castillo (y una bacteria es muchísimo más compleja que un castillo de arena o de ladrillos) captando los granos (o los ladrillos) agitados por una tormenta, hace falta, por lo menos, disponer del proyecto del castillo, que permita identificar los rarísimos movimientos justos y afortunados, además de un sistema que defienda la obra en construcción de la tendencia a disolverse.

Otros estudiosos han defendido la plausibilidad de esta ascensión de la vida en el tiempo, avanzando la idea de que el ser vivo no es un sistema aislado, y así puede desobedecer al principio de la entropía. Este es un argumento que podía ser adoptado por Darwin pero, ciertamente, no puede ser aceptado por los neodarwinistas modernos. El «Dogma Central» de la biología moderna afirma el aislamiento absoluto del mundo del depositario de la herencia, el ADN. Este transcurre indiferente a las invitaciones del ambiente o a las seducciones del organismo, a pesar de Lamarck y, digámoslo, también del verdadero Darwin.

Sobre la Selección Natural como mecanismo de origen de las especies se pueden hacer muchas consideraciones. Pero una Selección Natural propuesta como creadora de la vida, de sus signos, de sus tipos y de sus órdenes no puede sino dejarnos atónitos, como se calla ante la locura. Deseamos que el próximo siglo recuerde las fantasías evolutivas de mediados del siglo XX como una Gran Broma, que se pudieron permitir los magníficos fundadores de la biología molecular. Su teoría corresponde a la hipótesis del texto de la *Ilíada* nacido por casualidad o por grados —letra tras letra — a partir de un organismo inferior de pocas estrofas.

La Selección Natural, cuya expresión se ha preferido a la de Supervivencia Diferencial, es un fenómeno indiscutible y nunca negado. Sin extenderme, diré que su principal función es la de eliminar a los anormales, a los marginales, a los transgresores y normalizar la composición de las poblaciones naturales, un papel claramente conservador, censorial. Se ha hablado autorizadamente de Selección Estabilizadora como de un proceso de defensa de la especie de las desviaciones. En ocasiones se ha hipotetizado que, al cambiar las condiciones ambientales, la selección pueda favorecer a los más adaptados a la nueva situación. Desplazar los propios valores normales produce un sufrimiento para la especie y nadie ha demostrado todavía que un sufrimiento institucionalizado sea el modo de innovar la vida. Hoy hay un amplio consenso sobre la idea de que el principal mecanismo de fundación de la especie es el aislamiento, geográfico o reproductivo, sobre el que la selección juega un rol modesto, si es que juega alguno.

A este respecto, el *intercambio sexual* es el proceso conservador por excelencia. Este se opone al aislamiento, mezclando continuamente los patrimonios genéticos de los hijos de la población. Va a pescar toda desviación marginal y la remezcla con la norma (o la descarta). Sin embargo, la sexualidad fue por algún tiempo considerada el elixir de la variación, por sus capacidades combinatorias, que habrían permitido a pocas mutaciones asociarse para formar el máximo número de novedades, y entre estas las *derby-winner*. Esta concepción estaba vinculada a la idea de que cada gen correspondiera a un carácter, y combinar genes tuviera como efecto el clasificar caracteres. Pero la relación entre los genes y los caracteres ha resultado siempre más compleja y oscura, y las mutaciones no son motivo de orgullo. De modo que permanece como válido el precepto de siempre, que si quieres aislar las cosas es mejor que evites mezclarlas.

La *mutación* parecía hasta tal punto el recurso primordial de la evolución en que se definió la vida: reproducción con mutación. En realidad, en la vida salvaje, la mutación morfológica es la mosca blanca, y los textos académicos en el capítulo Mutación muestran solo la oveja enana (la inevitable raza Ancón de piernas cortas), el niño albino y la planta atrófica. Mutaciones asistidas, porque la naturaleza no las habría tolerado. Desde el punto de vista molecular, es decir, de la variación en el texto del ADN, la mutación es un fenómeno degenerativo por excelencia, el error de la copia, la entropía del patrimonio genético. La redundancia del código genético y la fungibilidad de muchos aminoácidos hace que muchas mutaciones sean «neutrales» respecto al fenotipo. La célula posee mecanismos de reparación de la mutación, y el organismo opera procesos eliminatorios de los mutantes que incluyen la selección y la sexualidad. Sin estas defensas las mutaciones destruirían rápidamente todos los textos genéticos. En cualquier caso, su función, dado que los biólogos moleculares la pretenden ciega, es demolitiva. Hacer de ella el motor del mundo, contando con el rarísimo evento de errores afortunados, es realmente un recurso pobre, tanto más cuanto que estas transgresiones legitimadas nunca han sido encontradas.

Aclarando, como he podido, que los mecanismos invocados para explicar la evolución molecular son todos fundamentalmente degenerativos o conservadores, quiero insistir sobre este segundo punto: que la moderna teoría molecular de la evolución «está hecha de mecanismos», de aquellos mecanismos, con muy poca consideración respecto a los hechos, a las formas de vida o a sus historias. La revolución molecular ha consistido precisamente en el apartamiento de las observaciones naturalistas, en el desinterés explícito por las formas. Desde el momento que todo ocurriría por azar y la evolución podría haber seguido cualquier otro curso y pasar por organismos completamente diferentes de aquellos que conocemos, la verdadera historia del surgimiento de la vida y de su viaje hacia la complejidad interesan menos que nada.

A la pregunta «si la vida renaciera, ¿aparecerían de nuevo las mismas especies?», el evolucionista de vanguardia responde: «¡Claro que no!». Y entonces, ¿qué pueden importarle los fósiles, faunas y jardines zoológicos?

La biología molecular ha cultivado la pasión por la vida absoluta, por las vidas posibles, por los modelos de vida. A estos, la forma particular les ofende, pretendiendo un derecho a ser lo que es, mientras que este derecho no lo tiene, porque podría haber sido lo que no es, podría no haber existido en absoluto. La evolución molecular es aquella teoría para la cual los leones, moscas, cipreses y margaritas, y naturalmente los hombres, podrían no haber existido. En el límite «deberían» no haber existido. No les pidáis que os expliquen porque existen. Esta era la pregunta inicial, la pregunta de los naturalistas del siglo XIX. Hoy la pregunta ha cambiado. Se ha desplazado a los mecanismos y su uso. Lo máximo a lo que el biólogo molecular aspira es a poder fabricar en probeta, o al menos a poder modificar la vida a su placer, a hacerse «ingeniero genético» y no contemplador de la belleza del mundo.

Un número de octubre de 1998 del semanal científico inglés *New Scientist* lleva en portada el gran titular «*Evolution is dead*» (la evolución está muerta). El artículo que retoma el anuncio no habla para nada de Teoría de la Evolución, sino sólo de ingeniería genética, de la ingeniería germinal del hombre. Un tal Dr. G. Stock declara: «*La tecnología tomará el lugar de la evolución, y la escala temporal será mucho más rápida. Los hombres están convirtiéndose en objetos de un proyecto consciente*». En otras palabras, cuando ya seamos capaces de crear al superhombre en probeta, ¿no habría sido esto suficiente demostración de que la especie se puede formar únicamente con instrumentos naturales y mecánicos? ¿No es suficiente esto para dejar fuera de juego al finalismo, al vitalismo y al gran relojero? Entonces dejemos aparte el misterioso e inverificable camino natural que en tres mil millones de años ha llevado de la no-vida a los primeros latidos de animalitos marinos, olvidemos las historias misteriosas que en cientos de millones de años han generado a los mamíferos a partir de aquellas formas, volvamos a guardar en el cajón la improbable vicisitud a través de la cual un simio reciente se transformó en un bípedo antiquísimo. En otras palabras, olvidemos la evolución y transfiramos la gloria a la especie construida en laboratorio, al superhombre fáustico, que es más seguro, más expeditivo y más exclusivo para la Ciencia. El burdo y eterno trabajo de un Demiurgo holgazán, y por añadidura ciego, que ya no nos enseña nada interesante. Los biotecnólogos celebran las exequias de ese dios menor, que tuvo el honor de hacerse a nuestra imagen y semejanza, y al mismo tiempo las exequias de la evolución.

«*¡Pobre, mísera evolución!*», insiste *New Scientist*, en septiembre del 2000. En miles de millones de años se ha limitado a poner sus «*proteínas construidas con apenas veinte aminoácidos y un ADN remendado con un alfabeto de cuatro miserables letras... ¡No se puede más que lamentar lo que podría haber sido!*».

Despedido su antiguo Señor y su Adán, el biólogo molecular también ha perdido aquel orgullo de especie que colocaba, en las representaciones tradicionales, al *Homo* en la cima del árbol. Si las hormigas tomaran el control de la tierra, el último biólogo, disolviéndose, diría: «¡Mucho mejor así: quiere decir que eran mejores que nosotros!».

Por mencionar solo los hechos históricos documentados por las reconstrucciones fósiles, estos demuestran, en todo caso, vicisitudes profundamente diferentes de las definiciones de vocabulario de la Evolución. Vicisitudes que, sin embargo, no contradicen ni confirman los Mecanismos Evolutivos, que no pueden ser desmentidos ni verificados. La vida unicelular apareció hace cuatro mil millones de años, inmediatamente después de la formación de la tierra, y cabe presumir de que con ella la evolución hacia la complejidad haya recorrido el noventa por ciento de su camino. Los organismos pluricelulares surgieron en breve tiempo, en todos sus «tipos», hace quinientos millones de años sin formas intermedias ni formas premonitorias. Los mamíferos modernos también aparecieron, bien diferenciados en sus «órdenes», prácticamente todos juntos, al comienzo del plioceno. Entonces el «cambio continuo», el «paso lento y gradual» e incluso el mejoramiento y el incremento de complejidad están lejos de estar documentados. Pero la teoría actual «no quiere» explicar los hechos particulares de la vida, porque su primer postulado es que estos no tienen sentido, orden ni intención y, sean lo que sean, van mal, van bien o son indiferentes.

Aquí, quizás, existe una sola pretensión factual, y es que los organismos sean todos «útiles», en cada pelo y en cada molécula, porque eso es lo que quiere la Selección Natural. Feos, quizás, o antipáticos, pero utilitaristas y astutos. Esta exigencia pesa sobre todos los documentales de vida salvaje que la televisión nos transmite, donde a imágenes a veces fascinantes se superpone un comentario que ignora la belleza y remarca solo la economía y el oportunismo animal, con el paradójico resultado de que la teoría que niega los fines y las intenciones nos presenta una realidad empalagosamente finalista y antropomorfa. El resultado de esta perspectiva utilitarista es que el orden intrínseco y la belleza sin practicidad quedan oscurecidos. Toda la vaguedad y gracia de la vida, sus «torrentes de felicidad», sus maravillas inesperadas, todo el acuerdo que impregna lo Creado, han sido excluidos de la ciencia positiva por intolerancia léxica.

Por las reservas que albergo hacia el Evolucionismo he sido acusado de ser un «creacionista». No lo soy: si me lo permiten, aspiraría solamente a ser una criatura.

1

Aquiles inspira a Redi

LA FUNDACIÓN DE LA BIOLOGÍA MODERNA se puede remontar a 1668 (el nombre «biología» es de principios del siglo XIX) cuando Francesco Redi, médico, fisiólogo y poeta de Arezzo, demostró que los gusanos no nacen de la carne en mal estado, sino de los huevos que la mosca deposita en la carne. De los huevos salen los gusanos que se hunden en la carne y producen la descomposición; después de lo cual se transforman en moscas. Un triste inicio para la nueva ciencia, maloliente de muerte, poblada de gusanos y moscas. Esta surge de una vida mínima, una vida en las fronteras de la muerte, insignificante y un poco despreciable, a la que la ciencia atribuye dignidad y autonomía. *Omne vivum ex ovo*, fue el lema de la nueva biología, que reclutaba en sus filas a la molesta mosca y su innoble gusano.

Redi realizó un experimento muy sencillo: puso algunos trocitos de carne fresca en ampollas de cristal. Parte de estas las cubrió con varias capas de gasa, y el resto las dejó al descubierto. La carne de los recipientes descubiertos se vio infestada rápidamente de moscas, y después de algunos días pululaban gusanos y apestaba a podrido. En los recipientes cubiertos la carne se conservaba intacta durante mucho tiempo. Esto no era suficiente para demostrar que cada animal nacía sólo de su propio género, y el propio Redi dudaba de ello respecto a los insectos de las agallas. Era un apólogo encantador, una fábula sobre la pureza incontaminada y una receta para la conservación de la carne. Se trataba, especialmente, de un descenso entre las cosas pequeñas en busca de los misterios de la vida.

¿Por qué era tan importante que la pulga saliera del huevo y no de la suciedad? ¿Importante hasta el punto de que la biología se pusiera a buscarle las pulgas a la naturaleza? El problema era si la vida mínima era de tan poca monta como para formarse sin un proyecto y circular sin pasaporte en los confines de la existencia animal. La respuesta fue que no podía.

Después de Redi, los animalitos entraron en el zoo, y se les impuso reproducirse a través de los huevos, como los pájaros, reptiles y peces, mientras estaba todavía *sub judice* si la mujer, y los mamíferos, tenían su huevo. Sucederá más tarde, en el siglo XX, que esos serecillos, a los que se les había concedido participar en las reglas de los animales superiores, ascendieron tanto en su consideración, que la fauna, la flora y el mismo hombre aprendieron de ellos las reglas de comportamiento y de la estructura, de los más diminutos, los parias de los seres vivos. Un respetable biólogo de la segunda mitad del siglo XX deberá ocuparse de los microbios, virus o moléculas para obtener consideración, financiamiento o premios Nobel.

La «generación espontánea» de los seres vivos permanecerá como el terreno para la disputa entre los «máximos sistemas» en biología, hasta nuestros días. El problema del siglo XVIII no era si las moscas nacieron o no de la materia informe, sino si en el origen de la vida había un pulular de moléculas ciegas o una intención, el caos o un principio. Durante mucho tiempo, los defensores del caos han tratado de construir la vida en probeta, porque con el caos se puede tratar, con el diseño divino no. La biología ha avanzado en su estatuto cada vez que la «espontaneidad» de la vida ha sido refutada.

Justo en los años de Redi, un modesto empleado de Delft, Antonio van Leeuwenhoek, se había puesto, con una pequeña lente, a escrutar las lágrimas del mundo: gotas de agua, de sangre y esperma. Como las lentes de Galileo, las de Leeuwenhoek abrían un agujero en la cerradura de lo invisible, ante la cual se inclinaron, con un ojo entrecerrado, emperadores, reyes y zares. Los *arcana naturae* emergían de lo imperscrutable, la vida se instalaba en la minutería de la naturaleza, magnificada por la pequeña lente del ujier holandés. Desde entonces, el naturalista comenzó a mirar la naturaleza con un solo ojo.

Algunos años después de los experimentos de Redi, que poco habían hecho para perdurar en la historia, la pequeña lente de Leeuwenhoek descubría, en las infusiones vegetales, animales diminutos en agitación frenética, a los que dio el nombre de «infusorios». Eran los primeros protozoos que ocupaban su lugar en la biología. Al principio, los infusores parecieron dar la razón a los defensores del nacimiento de la vida de la materia caótica, y quitársela a Redi. ¿Quién habría encontrado jamás el huevo en el infusorio? La idea de una generación de seres vivos a partir de la materia no organizada, la que era conocida como «generación espontánea» o *generatio equivoca*, recuperó terreno y otra autoridad muy distinta tendría que alzarse de nuevo para negarla, para dar curso al principio de la autogeneración de los seres vivos.

Quizás es más justo decir que la biología moderna comenzó un siglo después las experiencias de Redi, cuando el ilustre Lazzaro Spallanzani realizó sus célebres experimentos contrarios a la generación espontánea de los infusorios (1765). Spallanzani nació en Scandiano, en Emilia, y se había matriculado en la facultad de jurisprudencia de Bolonia. Su pasión eran las ciencias, en las cuales se convirtió en poco tiempo en una figura de talla excepcional. Tomó los hábitos e impartió lógica, metafísica y griego, y finalmente ciencias naturales en Pavía. Su primera obra fue una larga carta a Algarotti en la que se criticaba una traducción de Homero. La gloria le alcanzó cuando publicó un *Ensayo de observaciones microscópicas concernientes al sistema de la generación de los señores Needham y Buffon* (Módena, 1765).

El conde de Buffon fue una mente especulativa y fantasiosa. Veinte años mayor que Spallanzani, fue elegido muy joven como miembro de la Academia de las Ciencias de París y se convirtió en intendente del «Jardín del rey». Después de cien años de las experiencias de Redi, sostuvo audazmente que gusanos, mosquitos, orugas, piojos y ciempiés nacían todos de la putrefacción, por generación espontánea. A diferencia de Redi, él no había hecho ningún experimento, y sus certezas derivaban de consideraciones filosóficas sobre lo posible. Dividía las especies en «nobles», «menos nobles» e «inferiores». Entre las primeras colocaba al hombre, que consideraba único e inmutable, y el caballo, un poco menos noble, de modo que tenía cerca al burro. Entre las últimas ubicaba a los insectos, tan variables que podían confundirse entre ellos y podían ser generados por el fango y la putrefacción. Fue considerado un precursor del Evolucionismo y en realidad fue precursor de ese método perverso de hacer ciencia, que consiste en abandonarse a la imaginación, al «podría ser» y a la metáfora. Imaginó, en la primera época del mundo, cuando la naturaleza se agitaba en su potencia creativa, hipopótamos y elefantes emergiendo del fango primordial, en el que después habrían dejado enormes huesos fósiles para nuestro asombro. Los miserables insectos eran el picor de la tierra y los sirvientes de la muerte. Este especulador, especialmente audaz, arrastraba a la naciente biología a las concepciones medievales y la filosofía aristotélica, privadas de la religiosidad y del rigor lógico que habían sido su luz.

Tuberville Needham, sacerdote irlandés, fue, en cambio, un meticuloso observador y experimentador, y ofreció una prueba de la demostración experimental a la filosofía de la generación espontánea, que el siglo no quería abandonar.

Había puesto caldo de carnero en una botella herméticamente cerrada y lo había calentado todo sobre cenizas calientes, durante una buena media hora. Por un tiempo no observó ningún rastro de vida, pero al poco tiempo el caldo se pobló de animales nadadores, los infusorios. Estos no podían haber nacido más que por generación espontánea. No era la razón la que lo pretendía, sino la experiencia y la observación.

Spallanzani repitió exactamente el mismo experimento, solo que prolongó por más tiempo el calentamiento, algo que, razonablemente, Needham había querido evitar, para no comprometer la «fuerza generativa» de los infusorios y no alterar el aire en el interior de la botella. Para Needham, y para Buffon que lo apoyaba, Spallanzani simplemente había destruido la vida y sus presupuestos. ¿Quién puede saber después de cuántas horas de calor muere un presupuesto? En realidad el experimento es a menudo poco más que la liturgia celebrativa de una teoría preconcebida. La teoría de Spallanzani era el *omne vivum ex ovo.* Spallanzani concluyó de sus experimentos que los infusorios contenían un «pequeño huevo», resistente al calor de Needham. Pero el huevo del infusorio no existe. Se dirá mejor: *omne vivum ex vivo.*

Famosos han sido los experimentos del sabio Abad sobre la fecundación animal. Él trabajó con sapos y ranas. En estos batracios la hembra emite los huevos en largas tiras mucosas, mientras que el macho la monta sujetándola con fuerza con las patas anteriores bajo las axilas. ¿Qué función desempeña el macho agarrado? Algunos estudiosos (como Swammerdam) consideraban que éste esparcía el semen sobre los huevos con un chorro rápido. El gran entomólogo Réaumur, sin embargo, nunca logró ver nada, aunque su asistenta le aseguraba haber sorprendido al macho expulsando una especie de bocanada de humo de pipa por la parte posterior. Réaumur tuvo la ingeniosa idea de ponerle al macho unos calzoncillos de tafetán, sujetos con tirantes, pero no observó nada interesante, tanto que llegó a pensar que el macho podría fecundar a la hembra con los dedos.

Spallanzani repitió con mayor diligencia el experimento de Réaumur y estuvo tan atento que identificó, en los calzoncillos del macho aferrado a la hembra, gotitas de un líquido claro. Al depositarlas sobre los huevos, incluso con la punta de una aguja, éstas provocaron su división y desarrollo. La ingeniosidad de Spallanzani no tenía parangón. Las diluyó fuertemente y éstas seguían siendo eficaces, las conservó, las secó y las calentó a 35º y conservaron su poder fecundante. Lo perdían si se filtraban a través de siete capas de papel de filtro; pero el «exprimido» del papel mostraba todavía poder fecundante. De todo esto extrajo una conclusión, increíble para un lector actual, de que los animales del esperma no tenían absolutamente nada que ver con la fecundación. Para él, el renacuajo ya se encontraba en el huevo, preformado, y el esperma no tenía ninguna función. Quizás se convenció de ello porque el semen, diluido hasta tal punto en el campo del microscopio no permitía la visión de ningún espermatozoide, seguía siendo capaz de fecundar; pero, sobre todo por su fe en el *ex-ovo*.

Medio siglo después, Prévost y Dumas repitieron meticulosamente las experiencias de Spallanzani con los mismos resultados y atribuyeron al ilustre precursor del descubrimiento experimental de la fecundación del huevo por parte del espermatozoide, que en realidad él había pretendido excluir a pesar de las pruebas que él mismo había proporcionado. A finales del siglo XIX, Loeb proporcionó un dato experimental que habría entusiasmado a Spallanzani: probó que los huevos de erizo de mar podían desarrollarse sin el concurso del espermatozoide (partenogénesis). Pocos años después, Bataillon (1910) realizó la partenogénesis artificial en la rana, tocando los huevos con la punta de una aguja seca.

Volvamos a la refutación de la «generación espontánea». Sus partidarios no se desarmaron ante los infusorios de Spallanzani. Un siglo después encontramos a Louis Pasteur empeñado en demostrar que ni tan siquiera las más minúsculas bacterias podían nacer espontáneamente de los caldos. Pasteur repitió los experimentos de Spallanzani trabajando sobre microbios casi invisibles. Sus antagonistas esterilizaban los caldos de manera insuficiente, mientras que Pasteur lo hacía tan bien que con sus experiencias fundó la técnica de la esterilización, el cultivo de bacterias y toda la microbiología. Él se convenció de que, en las condiciones normales de laboratorio, la vida no se genera a partir de la no-vida, pero no consideró cerrada la cuestión. Sostenía que, determinando condiciones favorables para la asimetría molecular en la materia orgánica, esta podría organizarse en vida. Lo intentó, pero nunca lo consiguió.

Darwin, que era un gran admirador de Pasteur, se lamentaba de que el francés hubiera negado la generación espontánea. «*Si se pudiera demostrar* —escribió a Haeckel en 1873— *eso sería muy importante para nosotros*».

Los partidarios de la generación espontánea no tenían necesidad de demostraciones. El *Grand Dictionnaire Universel du XIX Siècle* de Pierre Larousse (1872) declaraba que la generación espontánea era una «necesidad filosófica», que no podía hacerse depender de observaciones y experimentos manifiestamente imposibles. Solo la contestaban los pobres fisiólogos «cegados por la tradición de la ciencia dogmática». Según las reglas popperianas, adoptadas por la epistemología moderna, la enciclopedia tenía razón. Una aserción como «al menos en algún caso existe la generación espontánea» no se puede falsificar experimentalmente, buscando en todos los rincones del universo. Se equivocaba al acusar a los negadores de la generación espontánea de estar «cegados por la tradición». La tradición de la «ciencia dogmática», encarnada por Aristóteles, afirmaba la generación espontánea de los más miserables entre los seres vivos como una necesidad filosófica. Solo habría un modo de refutar la generación espontánea: constatar la astronómica complejidad de los organismos más simples, probar que la vida mínima hipotetizable requiere de estructuras tan elaboradas que ningún accidente las puede ensamblar. Pero esto solo se probará en la segunda mitad del siglo XX.

¿Qué podría haber inspirado entonces a Francesco Redi a realizar sus famosas experiencias sobre la generación de los gusanos y a ponerse a la cabeza de los «retrógrados» cegados? Ciertamente no Aristóteles ni la tradición medieval, y ni siquiera la creencia popular, que aún hoy apuesta por la generación espontánea. Ni siquiera la *Biblia*, en el episodio de Sansón que habla sobre las abejas naciendo de la carcasa de un león.

Curiosamente, y —es necesario admitirlo— sorprendentemente, Redi nos lo cuenta. En *Experimenta circa generationem insectorum* (1686) él reconoce que la idea de investigar sobre las causas de la corrupción de la carne le viene de la lectura de la Ilíada. Después de esta lectura empezó a dudar si por casualidad «*todos los gusanos de la carne derivasen únicamente de la semilla de las moscas y no de las propias carnes putrefactas*». El fragmento que había perturbado a Redi se encuentra en la apertura del Canto XIX de la Ilíada. Aquiles, dolorido, habla a su madre Tetis ante el cuerpo de Patroclo asesinado por Héctor. Dice:

> «... pero un temor me grava:
> que en las llagas de Patroclo, entretanto,
> no entre un vil insecto que, de gusanos
> generador, el cadáver (¡ay, sin vida!)
> me descomponga así, que todo se pudra».

Tetis le asegura que mantendrá alejado al enjambre de moscas, de modo que el cuerpo del héroe permanezca incorrupto durante todo un año y que se vuelva incluso más hermoso. Y Redi lo probó: mantuvo alejado al enjambre de moscas con cubiertas de gasa, y la carne permaneció incorrupta durante mucho tiempo.

Los verdaderos antiguos creían evidentemente en la continuidad de la vida mínima, que la filosofía de los Griegos y el pensamiento medieval excluirán durante dos milenios. Cada fundación, en todas las cosmogonías míticas, se inicia a partir del huevo que se opone al caos. El huevo contiene un principio de organización de la que se derivan todas las diferenciaciones. Principio de nacimiento y de renacimiento, el huevo contiene un principio de organización de la realidad por venir. Ante el cadáver de Patroclo, el amigo guerrero temblaba ante la idea de la corrupción del hermosísimo héroe por obra de la mezquina voracidad terrenal. ¿Cómo podía creer que fuera la belleza yacente la que generara hormigueros de gusanos y enjambres de moscas? Para el pensativo héroe, cada uno tiene su especie y su vida. Él, salvo por aquel desdichado talón suyo, era de especie divina.

2

Del huevo del águila, el águila

EL PROBLEMA MÁS GRANDE DE LA BIOLOGÍA desde hace siglos o milenios es el siguiente: como un huevo se convierte en un embrión. Pensamos en el huevo humano, grande como un grano de polvo y conocido por la ciencia sólo desde principios del siglo XIX. A partir de él, el plano fundamental embrionario se establece en un periodo breve, que va de una a cuatro semanas después de la fecundación. En esta fase un grumo homogéneo de células se convierte en un animal en miniatura. Después este animalito se convertirá en humano, pero el verdadero misterio de la morfogénesis, y de nuestra vida, está comprendido en estas tres semanas de metamorfosis durante las cuales emerge la organización espacial (o «especificación regional») del organismo.

La mayor parte de los huevos son esferas. El más estudiado, el de la rana, es grande como una cabeza de alfiler. Ante el microscopio muchos huevos muestran una región polar con el núcleo y varios planos de sustancias estratificadas respecto al polo, que parecen estar allí apoyadas, sin intención de formar un animal.

Cuando el huevo madura, del núcleo se hacen evidentes los cromosomas, que después de un par de divisiones son reducidos a la mitad (el resto es expulsado a través de glóbulos de desecho) y están listos para acoger la otra mitad del esperma entrante.

Después de la fecundación, los cromosomas aparecerán, en cada división celular, en parejas.

Cuando se descubrieron los cromosomas (1875), pronto se advirtió que se prestaban a la solución de muchos problemas, excepto para el desarrollo. Estos se reparten de modo regular y simétrico en cada división celular, en las cuales mantienen el mismo número y las mismas formas. Cada una de las células de un organismo, en sus diferentes capas embrionarias, en el hígado, en la mano o en el corazón, tiene exactamente la misma dotación cromosómica, que aparece como garante de la universalidad y de la constancia, y ciertamente inadecuada para repartir en el embrión las funciones y las formas. Se demostró, es cierto, que en diferentes células actúan regiones diferentes de los cromosomas. En algunas células de batracios la actividad cromosómica se manifiesta con emisiones localizadas. Sin embargo, se ha comprobado que estas manifestaciones no son el fruto de una iniciativa espontánea de los cromosomas, sino más bien respuestas a estímulos que encuentran en la región donde los núcleos con sus cromosomas, han ido a instalarse.

Para comprender cómo ocurre la diferenciación regional del embrión, se han estudiado dos fenómenos: la distribución espacial del citoplasma del huevo y la «inducción», que es el efecto de los estímulos locales, externos o internos, sobre el embrión en desarrollo. La geografía del citoplasma ha sido estudiada especialmente en huevos de invertebrados, como el erizo de mar; la historia de la inducción en embriones de vertebrados, como la rana. En estos, el experimentador ha podido reproducir algunos estímulos, con la aguja, la micropipeta, el hilo y la punta del bisturí, generando monstruosidades instructivas.

El problema del desarrollo morfológico es, ante todo, un problema de asimetrías. Los físicos han establecido una ley (de Curie) según la cual, si un fenómeno presenta una cierta asimetría, la misma asimetría se debe encontrar en al menos una de las circunstancias que determinan el fenómeno. Si un cuerpo tiene un delante y un detrás, también la causa debe tener un delante y un detrás. Pero los cromosomas no tienen la asimetría del caso, no tienen dorso ni vientre, no tienen derecha ni izquierda.

Si quieres hacer entender a un niño la derecha y la izquierda, es inútil que levantes la voz. Solo se las puedes explicar, y hacer que las adopte, solo porque ya están presentes en su instinto. Y entonces le dirás que la derecha es aquella con la que sostiene la cuchara o, si es más mayorcito, con la que se hace la señal de la cruz. El mensaje «derecha» o «izquierda» no enseña nada, si no se encuentra con una asimetría preexistente. Frente a esta, pueden fundarse o desarrollarse dos semimundos opuestos y diferentes.

Los embriólogos de finales del siglo XIX pensaron primero en identificar los elementos de asimetría en el citoplasma del huevo, que en muchas especies de invertebrados era fácilmente observable. Un huevo de ascidia (*Styela*) es transparente como el vidrio y permite ver en su interior gránulos pigmentados dispuestos en franjas, capas concéntricas y medialunas. Estas formaciones identifican un plano de simetría superior-inferior. Una semiluna amarilla que se forma en un lado del huevo es el primer indicio de simetría bilateral. Se piensa que es el punto de penetración del espermatozoide el que determina la acumulación del pigmento amarillo y, por tanto, la adquisición de la simetría bilateral. Los pigmentos fluyen y se desplazan cuando el huevo comienza a segmentarse, situándose en células específicas del embrión. Pareció que se había encontrado el huevo de Colón, es decir, precisamente esa trama espacial de la que carecían los cromosomas (y el ADN más tarde) para situar la figura del organismo.

Sin embargo, estas investigaciones no tuvieron éxito. En los huevos de ascidia, como en otras especies, se observó que una enérgica centrifugación provocaba desplazamientos de las zonas pigmentadas. La media luna amarilla se descolocaba y terminaba en otras células después de la segmentación. A pesar de ello el embrión se desarrollaba de forma perfectamente normal. Se pensó que la diferenciación del citoplasma era estable y profundo, y los pigmentos eran sólo manifestaciones secundarias. Pero la partida ya estaba perdida.

La trama espacial del organismo futuro fue confiada entonces por los embriólogos a la parte celular del huevo, o *córtex*, que no se deforma en las operaciones de centrifugación. Para distinguirlo del *endoplasma*, o citoplasma central de la célula, el que estaba pegado al *córtex*, se llamó *ectoplasma*, una suerte de fantasma adosado a la pared.

Un experimento, conducido por Wilhelm Roux a finales del siglo XIX, pareció confirmar la distribución espacial en el huevo (o adherido a su pared) de las áreas futuras del organismo, como un «mosaico» de destinos locales. Roux trabajó con huevos de rana en la etapa de las dos primeras células (o blastómeros). Con una aguja él mataba una de las dos células, y la otra se desarrollaba hacia un semiorganismo de un solo lado. ¿Era entonces la forma una cuestión de distribución de materiales?

Hans Driesch (1892) introdujo una variante al experimento de Roux, separando del todo los dos blastómeros de un huevo de erizo marino. De cada uno de los dos blastómeros, es decir, de cada medio huevo, se desarrollaba una larva (pluteus) perfectamente normal, solo que más pequeña. Lo mismo sucedía si el huevo se subdividía en la etapa de más células. De cada una se formaba un gemelo idéntico a los demás y al que habría producido el huevo sin manipular (clonación). Por lo tanto, no había preformación.

A veces sucede que de la última derrota, de la decepción, renace la trama perdida, la figura elusiva buscada en vano. La divisibilidad del huevo en dos medios huevos que permanecen iguales después de la separación puede expresarse con una metáfora. En el huevo existe un «campo» que tiene esta extraña propiedad inicial: si se divide a la mitad, resultan dos «campos» iguales al inicial e iguales entre sí. Puedes hacerlo pedazos y cada pieza reproduce el todo, incluso en dos, cuatro, ocho... piezas. Sucede lo mismo que con una barra imantada que desarrolla a su alrededor un campo magnético, evidenciable mediante limaduras de hierro sobre las que dibuja sus líneas de fuerza. Si la barra se rompe y las dos mitades se alejan, cada una forma a su alrededor un campo igual al original. La barrita tenía un polo Sur y un polo Norte; las barritas derivadas tendrán cada una un polo Sur y un polo Norte.

Driesch llamó al campo del huevo «campo morfogenético», para indicar que tiene la capacidad de generar una forma, pero no tiene, no es él mismo una forma. Es una estructura sin cuerpo, un flujo inmaterial de energías.

Pavel Florenski, físico y teólogo ruso (1882-1937), vislumbró un campo similar en la superficie sobre la que se extiende el fresco sagrado. «*La esencia de la superficie está adormecida mientras está al descubierto; pero una vez extendidos los colores sobre ella, estos la despiertan... como el polo de fuerza invisible del imán se vuelve visible por medio de la limadura de hierro...*».

El «campo» de Driesch no solo tiene la propiedad de componer el organismo, sino también la de restituirlo en su forma genuina tras cada perturbación (*autorregulación*). Cada una de sus partes tiene propiedades morfogenéticas superiores a las que expresará (*equipotencialidad*). Hemos visto que, durante largo tiempo, las células del embrión se mantienen totipotenciales. Con el desarrollo la totipotencialidad tiende a perderse, pero permanece una potencia siempre superior al acto. El campo es un proyecto morfológico que poco a poco se descompone y regionaliza. Tal procedimiento da poca cuenta de la precisión del resultado final, de la forma terminada, que es al fin y al cabo la maravilla de la naturaleza. Driesch completó las propiedades del campo dando una preeminencia, y casi una autonomía, a los logros morfológicos. Una misma estructura final puede ser alcanzada con diferentes trayectorias de desarrollo, como si esta atrajese la morfogénesis hacia una condición típica (*equifinalidad*).

En el estadio en el que el embrión empieza a deformarse e inflarse (gástrula), el destino de las partes embrionarias no está todavía decidido. Si un pequeño labio de tejido que se prepara para convertirse en placa neural se trasplanta al flanco del embrión, desviará su desarrollo hacia el de la epidermis del flanco que lo hospeda. Si el labio destinado a la placa es trasplantado al flanco solo un poquito más tarde, el cuadro será del todo diferente. En el lugar del trasplante se formará una placa neural y ésta se hundirá bajo la superficie dando lugar a un surco y luego a un tubo neural, que podrá avanzar y formar ojos, orejas y un esbozo de columna vertebral con músculos anexos. Finalmente, una cabeza, con un inicio de dorso, emergerá del flanco del embrión convertido monstruosamente en bicéfalo. En este caso se dirá que las células del labio nervioso han «inducido» una placa neural secundaria, fuera de lugar. También se dice que el labio trasplantado contiene el «organizador» del tubo nervioso de la rana. El pequeño labio está naturalmente acreditado para desempeñar las funciones de «organizador», especialmente cuando permanece *in situ.* Sería él quien iniciaría procesos en cadena que forman el renacuajo a partir de la gástrula (labio del blastoporo) ¿Contiene entonces los secretos de la diferenciación? ¿Es él quien instruye al embrión? No es él. Matado con el calor produce los mismos efectos. No solo eso; lo puede sustituir con el «labio» de otra especie o con una solución salina y la organización procede regularmente. El inductor no lleva consigo ninguna información sobre la forma. No es más que un evocador inespecífico, sin nada de esa magia y complejidad que parecía corresponderle. Escribe Lev Beloussov: «*Los eventos, altamente específicos y regularmente localizados, del desarrollo biológico, pueden ser generados... por perturbaciones dinámicas del todo degenerativas, vagamente dislocadas...*». La asimetría del organismo no está en las causas o en las circunstancias. Es una propiedad innata, indeterminada, sempiterna del organismo mismo que se «autoorganiza».

El término «campo» es quizás demasiado agreste, elegíaco y encantado para expresar lo que el morfólogo entiende cuando recurre a él. Desde que, en el huevo, el campo recibe la primera señal, comienza a alterarse, a moverse, a descomponerse. Es un «sistema en transformación», un ciclón, y lo que se nos aparece a la observación no es más que una pausa en su *performance*, a veces una pausa larga, otras veces extrema. Es como el Espíritu del Mundo que, en el *Fausto* de Goethe, atrapa al Doctor en el torbellino de su aliento y lo hace retorcerse espantosamente como un gusano.

¡En la corriente de la vida,
en la tormenta de los hechos,
vago errante de arriba abajo,
tejo adelante y atrás
Nacimiento y tumba,
un mar eterno,
un tejido cambiante,
una vida incandescente.
Así me aplico al telar
zumbante del tiempo
y tejo para la divinidad
una vestidura viviente.

Una flor abierta, la flor de los pintores, es la transformación de una semilla y de un tallo, de una yema y de un capullo en camino de un fruto. Es también la transformación de una florecilla silvestre entre las manos del criador — o de una flor ancestral, como imaginó Darwin. También es, la flor, una solución en el desarrollo de la fórmula matemática con la que la describe D'Arcy, y finalmente es el desarrollo de un «campo morfogenético», o —¿por qué no? — la metamorfosis de la princesa, en una fábula mágica.

La flor de cuento vuelve a ser princesa al toque de un beso, ¿pero cómo lo hace la flor botánica, hija de tantas transformaciones y revoluciones, para producir en su pistilo la oosfera compuesta de la que comenzará el camino que proseguirá hacia otras flores? ¿Cómo hace el huevo, después de que su campo ha sido revuelto, batido y cocido, para producir la intacta y olímpica miniatura de la que todo comenzó?

El enigma se ha resuelto (con un poco de aproximación histológica) afirmando que el huevo del que ha venido el neonato no ha sido producido por una esposa enamorada, sino que ha brotado del mismo huevo del que la señora derivó en el vientre de su abuela. Huevo de huevo. Este no ha tenido que recuperar la pureza intacta y la totipotencia que el huevo progenitor había dispersado en el organismo en desarrollo. Nunca la ha perdido. Fue un citólogo alemán, August Weismann, quien expuso el principio de que el huevo derivaba del huevo a través de una línea exclusiva, la «línea germinal», que permanecía separada del organismo en desarrollo. El organismo era como una expansión lateral de la misma, que de ninguna manera participaba en la línea incontaminada que unía el huevo al huevo (y en el macho, con el esperma). La línea germinal establece un túnel, una «barrera», que defiende a los genes de las experiencias del mundo. A Weismann se le ha reprochado el haber segregado la herencia fuera de la vida, de haberla disociado de la morfogénesis. A mi me parece que, más allá de esa misma barrera, también el «campo morfogenético» del huevo está protegido por las muecas de la vida de relación. Este se mantiene estático, totipotente y virginal, para dejarse envolver en las tormentas del devenir, conservando, no obstante, una porción de su esencia íntegra en el recinto de un *hortus conclusus*.

Según una teoría poco conocida de Darwin pero muy apreciada por el naturalista inglés, la teoría de la «pangénesis», el huevo estaba hecho de las particularidades del organismo, las cuales vertían en el líquido seminal sus vivencias terrenales en forma de partículas. «Pangénesis» significa que todo el organismo genera al hijo. Solo así explicaba Darwin la evolución de las especies: como un trasvase a los descendientes de las vicisitudes de la vida de los progenitores. Para Darwin, la evolución era la gran experiencia de los organismos en el mundo, acumulada a lo largo del tiempo. La idea le derivaba de su ilustre —y por él menospreciado— precursor francés, el noble caballero de Lamarck, defensor, antes que Darwin, de la transmisión de caracteres adquiridos. La transferencia de una suerte de generación espontánea de la vida a partir de la no-vida; eso era la evolución. Darwin nunca pensó que la evolución fuera otra cosa y habría rechazado la Teoría de la Evolución que en el siglo XX fue elaborada en torno a su nombre.

Excluido el efecto del ambiente, ¿de dónde desciende la diferencia entre los seres vivos? Weismann sugirió que esta variedad debía estar presente en los primeros seres que poblaron la tierra. Las especies se diferencian por algo recibido de eras lejanas, intacto a través de millones de años, inalcanzable para las influencias del cuerpo, ajeno a las transacciones con el ambiente. A los «pangenes» de Darwin, procedentes de todas las partes del organismo para formar el germen de cada generación, Weismann oponía los «bióforos», presentes desde el origen de la vida, anteriores a las formas orgánicas, precedentes a los huevos. Estos «determinantes», incorruptibles como ideas, se habrían transmitido a través de interminables líneas germinales, produciendo reiteradamente los cuerpos como una derivación gloriosa y mortal.

La vida es un retorno a los orígenes o, mejor dicho, es un mantenerse aferrado a los orígenes, al pasamanos de la línea germinal.

Samuel Butler expresó en estos términos el teorema de Weismann: «*la gallina es el medio a través del cual un huevo construye otro huevo*». Imágenes de corral, donde la gallina es una chismosa, inepta para volar y capaz únicamente de poner huevos. La gallina expresa bien la inutilidad del organismo, salvo por su función de huevera. Pero Weismann dijo: «*del huevo del águila nace el águila*».

El huevo del águila y el de la gallina apenas se distinguen por la cáscara. Las ovocélulas, sus núcleos y su ADN son casi idénticos. Y, sin embargo, del huevo de la gallina sale el pollo y del huevo del águila, el águila, reina de las aves. Poderosa e inmensa, se eleva en el vuelo, con amplias alas firmes, planeando, movidas de vez en cuando por batidos solemnes, las plumas remeras abiertas y vueltas hacia arriba, las garras ganchudas, la cabeza imperial y la gran cola cuadrada. Ese vuelo es el último giro del «campo generativo».

Del huevo del águila, el águila

Del huevo del águila, el águila.

3

El eclipse del organismo

EL ÚLTIMO CUARTO DEL SIGLO XIX marcó un giro decisivo en la ciencia de la vida. Entraron en escena los «cromosomas» (que quiere decir «cuerpos coloreados») y alcanzaron pronto el centro de la biología. Los cromosomas son bastoncillos de pocos micrones de longitud que se hacen visibles en el núcleo celular en el momento de la división. Se observan en las plantas y en los animales y son del mismo número y la misma forma en todas las células de un organismo y en todos los organismos de la misma especie. Su representación (o *idiograma*) fue inmediatamente considerada como un distintivo específico, un poco como el código de barras que distingue los productos comerciales. En el cuerpo, o soma, se presentan en pares gemelos. La mosca del vinagre (drosófila) tiene 4 pares, el hombre 23, el trigo tierno 21. Las especies similares tienen cromosomas similares, en número y forma parecidos. El hombre tiene 23, el chimpancé 22; el burro 31, el caballo 32 y la cebra 16. El caballo es la suma de dos cebras. El trigo blando tiene 21 pares de cromosomas, el trigo duro 14 pares; algunos trigos silvestres tienen 7 pares.

La regularidad de algunas series cromosómicas, especialmente en las plantas, parece sugerir una relación entre formas y cromosomas, pero las series estaban limitadas a grupos afines, similares en las formas, y no proporcionaban una clave para el incremento de complejidad.

Entre el número de cromosomas y la evolución de las especies pareció inmediatamente no existir ninguna relación razonable. Se mantiene por lo general entre 6 y 25 pares por especie, pero un gusano de gran cabeza (*Ascaris megalocephala*) solo tiene un par y un antiguo helecho (*Ophiloglossum petiolatum*) tiene 150 pares.

Tras el descubrimiento del ADN (del que están compuestos los genes) se intenta establecer una relación entre la cantidad de ADN por célula y el grado de complejidad «evolutiva» del organismo. Se encontraron dos niveles de ADN: el de las bacterias, del orden de millones de pares de nucleótidos, y el de los organismos superiores, del orden de miles de millones. La diferencia no dependía de la cantidad de información genética contenida, sino de la organización cromosómica que, en los superiores, implica la presencia entre los genes de larguísimas secuencias no codificantes, a las que se dio el nombre de «ADN basura». La comparación de la cantidad de ADN en los animales superiores con núcleo complejo (eucariotas) fue una decepción. Los mamíferos se sitúan en alrededor de los cinco mil millones de pares de nucleótidos, los reptiles alrededor de tres, las aves alrededor de dos y los peces aproximadamente alrededor de mil millones (de 0,3 a 3). Hasta aquí, bien. Pero los anfibios están en torno a los diez mil millones, con picos que superan los 100, valores alrededor de los cuales se encuentran algunos peces dipnoos. Los moluscos tienen la cantidad de ADN de los vertebrados y los gusanos la de las aves. Las plantas con flores oscilan entre los 2 y los 500.000 millones.

El ADN es la materia de los genes y, puesto que los genes están directamente implicados en el metabolismo, se supuso que el número de genes podría ofrecer un mejor índice de la complejidad orgánica. Pero los cálculos no podían ser más sorprendentes. En las bacterias se estimaron entre tres y cinco mil genes, seis mil en la levadura, 26.000 en una planta de las crucíferas. Un minúsculo gusano (nematodo) de apenas un milímetro de longitud, el *Caenorhabditis elegans*, que Aristóteles y los ilustrados habrían afiliado sin dudarlo a la estirpe de los nacidos del fango, cuenta con 19.000 genes. El hombre, cuyo patrimonio genético debería contener información genética de la criatura semejante a Dios, de una historia milenaria y de un destino fatal, del Partenón y de la Novena de Beethoven, resulta poseer alrededor de 25.000 genes. Los tunicados son animalitos marinos con pocos tipos de tejido, encerrados en un caparazón (la túnica) con dos orificios para la entrada y salida de agua. Tienen 16.000 genes, ¡el 80% de los cuales comparten con el hombre!

La historia evolutiva de los organismos, relatada como la adquisición de genes, o masa de ADN, no funcionaba en absoluto. La actitud de la biología fue entonces la de concentrarse en el ADN universal y considerar con suficiencia a los organismos y sus pretenciosas particularidades. En la segunda mitad del siglo XX, el ADN, su estructura, su autorreplicación, sus códigos, sus intercambios y sus alteraciones se convirtieron en el interés central de la biología, mientras los organismos se retiraban más allá del horizonte. Ya no probaban la grandeza del Señor, sino, más bien, su disposición a jugar.

«*Y ahora este anuncio de Watson y Crick sobre el ADN.* —exclamó Salvador Dalí— *Esta es para mi la verdadera prueba de la existencia de Dios*». Un dios universal que presidía en la vida originaria y no se preocupaba de las vanas variaciones de las formas.

Nacía así, a mediados del siglo XX, la biología molecular, que se dedicó al estudio del ADN génico y de sus productos primeros, las proteínas. Más allá de las proteínas, entre las proteínas y las formas finales, se formó el desierto: *Hic sunt leones.*

La biología molecular asumió tal extensión y potencia que eclipsó no solo a todas las demás disciplinas biológicas, sino también a la química y a la física.

Lo que asombraba de la biología molecular no era tanto el conocimiento que surgía del estudio de las macromoléculas, como el hecho de que la naturaleza viviente se mostrara tan accesible, tan dispuesta a confiar sus secretos sin ningún pudor ni reticencia.

Que resultara desmontable y remontable como un mecano. Algunos creyeron entonces en la omnipotencia de la biología, que —era cuestión de tiempo— la vida pudiera construirse y transformarse en probeta. En realidad, hoy nadie espera construir la célula u homúnculo *in vitro* y la «ingeniería genética» no erige edificios biológicos, sino que se limita al pequeño retoque.

Uno de los principios fundamentales de la biología molecular, al que se le dio el nombre de «Dogma Central», asignaba al ADN el gobierno absoluto de la vida y de la herencia celular, y por consiguiente del organismo. El Dogma rezaba: el ADN produce proteínas y se reproduce a sí mismo: las proteínas no se reproducen ni tienen posibilidad de modificar el ADN que las ha instruido. En otras palabras, la información va del ADN al ADN, del ADN a las proteínas, pero no regresa de las proteínas al ADN. Este principio excluía perentoriamente que las vicisitudes de las proteínas pudieran tener algún efecto sobre el ADN, es decir, que los caracteres adquiridos, de memoria lamarckiana, pudieran entrar en el circuito hereditario.

El Dogma pareció la versión molecular de la teoría de la línea germinal de Weismann, según la cual, recordemos, el germen da origen a nuevos gérmenes y al soma, y el soma no habla con el germen. En otras palabras, el huevo hace la gallina, pero la gallina no hace propiamente los huevos: solo pone huevos que derivan directamente del huevo que la hizo. En la nueva versión, el ADN era el huevo y las proteínas eran la gallina.

Como corolario al Dogma Central, se formuló una nueva edición de la Teoría de la Evolución. El texto del ADN puede sufrir mutaciones casuales («errores de imprenta») y estas alteran el texto de las proteínas, volviéndolas más o menos aptas. Las más aptas se afirman, las menos aptas desaparecen junto con el gen que las produce; y esto es la Selección Natural, es decir, el darwinismo molecular.

Para el Darwin de la Pangénesis el hijo desciende de todo el cuerpo de los padres. El potro es un caballo porque es hijo de una yegua y de un semental. Para Weismann, en cambio, el potro es un caballo porque es hijo de la misma línea germinal que ha producido la yegua y el semental. En cierto sentido, es su hermana menor. Los descendientes se parecen a los padres porque derivan de la misma línea germinal. Weismann es el anti-Darwin, como lo es, por lo demás, la biología molecular, que sólo comparte con Darwin la aversión por el mundo de las ideas. La línea germinal de Weismann defiende al germen de las vicisitudes externas, pero el germen de Weismann no está hecho sólo de partículas o migajas. Contiene las «Ideas» inmateriales que controlan el desarrollo del organismo hacia formas «típicas». Weismann estaba inmerso en el espíritu del idealismo alemán del siglo XIX. Los determinantes de Weismann son inaccesibles, como partículas en las células germinales y como ideas en el empíreo platónico.

En el retrato oficial de August Weismann, me hizo notar Franco Scudo, el austero profesor de Friburgo en Brisgovia, prácticamente ciego desde los treinta años, quiso que se colocaran a la vista dos pequeñas mariposas. Eran dos formas de la *Vanessa*, una con las alas amarillas y otra rojizas. Eran expresiones de la misma herencia, de la misma idea y de la misma especie; una, la *prorsa*, derivada de larvas estivales y la otra, la *levana*, de larvas otoñales que habrían atravesado la diapausa. La graciosa parejita presentaba el concepto de que del mismo germen pudieran emerger formas diferentes, y por tanto el germen no fuera expresable como una colección de predeterminaciones. El organismo y su *hábitat* concurrían hacia su expresión.

Los biólogos moleculares se sentirán mucho menos fascinados por las vaguedades de las alas de las mariposas y los demás caracteres del soma. Una vez declarado que «todo está escrito en el mensaje del ácido nucleico» (Jacob, 1974), el resto perdía espesor e interés y la biología se puso a descifrar en el ADN las instrucciones generales para el uso, y se desinteresó de los «usos», es decir, precisamente del mundo de la vida.

En los primeros años de mi trabajo científico se percibía, entre los biólogos de la vida absoluta, un verdadero odio por la forma. En esta, ellos veían algo pletórico o anticuado. Los escuché burlarse de los botánicos que describían los perfiles de las hojas y de los zoólogos que se ocupaban de las crines de los leones. A la biología, que no quería ser ya una ciencia natural y tendía hacia las ciencias exactas, le correspondía ocuparse del mínimo vital que llevaba al científico cerca del origen de la vida.

Los biólogos moleculares no se interesaron más por formas, diferenciaciones y planos de organización, convencidos de que su material finalmente lo acabaría explicando todo. Por decirlo más claramente, empezaron a desinteresarse por la vida y los organismos, y los viejos cultivadores de las singularidades de la naturaleza así como de las formas, fueron clasificados como «vitalistas» u «organicistas». No solo los nuevos biólogos se alejaron del interés por la totalidad, sino que elevaron esta elección reductiva a método. Como tuvo claro Jean Piaget antes del inicio de la era del ADN (1946), «*un problema es científico cuando se ha logrado aislarlo de tal manera que su solución no ponga en cuestión la totalidad*»; de lo contrario, queda en mero problema filosófico. El eclipse del organismo coincide con lo que en otros lugares se percibió como «eclipse de la filosofía».

Lo que realmente sucede con el advenimiento del ADN (y que es la regla de todas las revoluciones científicas) no fue la consecución de la solución del problema vigente de la forma biológica. Fue el abandono de este problema por otro problema: la transmisión del material de la herencia. Se comenzó a prestar interés por cómo los «determinantes» de los caracteres, y la forma misma, perdieron interés. Se convirtieron en los «marcadores» de los factores hereditarios, a través de los cuales era posible seguir los genes, el destino del ADN. Y poco a poco el organismo experimental se volvió más pequeño, perdió cuerpo y carácter, pasó de los guisantes de Mendel a los mosquitos de Morgan, a los mohos, a las levaduras, a las bacterias , a los virus y al ADN *in vitro*.

Yo también he tenido ocasión de manipular ADN bacteriano. Esto sí que se extrae de un cultivo de células, privadas de pared, que se precipita en alcohol, se recoge como un hilo fino enrrollándolo en una varilla de vidrio y se disuelve. El ADN extraído se mezcla después con un ADN vector especial (plásmido), se trata de una enzima (de «restricción») que corta el vector y el ADN en trocitos, que se recombinan mediante otra enzima («ligasa»). El ADN, vehiculizado en el vector, se añade entonces a un cultivo celular de una cepa diferente por un carácter respecto al original; las células tratadas se siembran en un medio selectivo sólido en el que la cepa receptora no puede crecer, y solo las raras células que han incorporado el trozo apropiado de ADN extraño, cargado en el vector, forman colonias. Esto es hoy un procedimiento de prácticas de laboratorio, a partir del cual se ha desarrollado esta tecnología que conocemos como *ingeniería genética*.

Primero se intentó que las bacterias produjeran sustancias humanas, como la insulina y la hormona del crecimiento, luego llevar genes humanos sanos a pacientes defectuosos («terapia génica») y después transferir genes extraños o humanos a animales de laboratorio o de cría (animales «transgénicos»). Fue toda una sucesión de proyectos faustianos. El biólogo molecular pensó en franquear los límites impuestos por la naturaleza, en asumir, como se dijo, el control de la evolución. ¿Qué importaba ya si los estudios sobre la evolución languidecían? El hombre tomaría en sus manos el destino de la naturaleza y del mundo, demostrando que la evolución estaba a su alcance. Nacieron extrañas teorías evolutivas en las que las nuevas técnicas se concedían a la naturaleza como instrumentos para su propia mejora. Como Darwin pensó en los milagros de la varita mágica del criador, así los biólogos moleculares imaginaron los milagros de la varilla de vidrio portadora del ADN.

Se puede concluir con la constatación de que ninguna de las manipulaciones de la ingeniería genética ha logrado despegar, que la naturaleza ha defendido bien sus fronteras. Centenares de empresas de biotecnología abrieron sus puertas, cotizaron en bolsa y obtuvieron patentes industriales. Miles de millones de dólares se derrumbaron a niveles nunca conocidos por la biología. La ciencia hizo su gran apuesta... y la perdió. Durante décadas vendió proyectos, ilusiones y engaños. Los resultados han sido insignificantes y las perspectivas no son alentadoras.

Pero esto no debe sorprendernos. Esta es la regla de la ciencia: las conquistas prácticas de la tecnología no derivan casi nunca de los descubrimientos de los teóricos, más bien al contrario, los preceden y a veces los determinan. El ADN no podía construir los objetos de los que había tomado distancia con desdén. Cuando la ciencia abstracta toma la delantera se produce un eclipse de la tecnología. Las grandes innovaciones que han cambiado nuestra vida tienen un contenido científico muy modesto, y las grandes teorías que han cambiado la ciencia se han desarrollado por su cuenta, en un mundo desconectado de la realidad. «*La gran tecnología* —escribió Richard Reeves en 1983— *se construye sobre el edificio de aquella pasada, solo con una pequeña ayuda por parte de la ciencia*». «*Las invenciones no cuelgan como frutos en un árbol científico*», comentó De Solla Price.

Se cuenta que en 1833 se produjo en Londres una gran excitación. Todos acudían a ver la «máquina experimental de cinco caballos» que el ingeniero John Ericsson exhibía por las calles de la ciudad. Michael Faraday, aclamado como el mayor científico de todos los tiempos, hizo saber que daría una lección en el Royal Institution para explicar cómo funcionaba la máquina. Pero, justo al subir a la cátedra, dudó y admitió cándidamente que se había equivocado: su teoría no podía explicar por qué funcionaba la máquina. La máquina de cinco caballos continuó moviéndose entre la multitud inconsciente.

Ningún biólogo molecular será tan modesto como para admitir que sus teorías no explican cómo avanza y funciona un caballo.

4

Estabilidad precaria

La biología moderna fue inaugurada por un monje moravo, Gregor Mendel, que trabajó durante algo menos de diez años en el huerto del convento, cruzando guisantes. Se sabe que terminó sus experiencias en 1865, las comunicó al público distraído y un poco aburrido de la Sociedad de los Naturalistas de Brünn, y su obra fue «redescubierta» en 1900 por tres botánicos centroeuropeos. Mendel dedujo a partir de sus experiencias que los caracteres (por ejemplo: flores rojas o blancas) se encuentran en los cruces pero permanecen distintos, de modo que reaparecen puros en la descendencia de los híbridos. Si una planta con el carácter flores rojas, simbolizado con la mayúscula «A», se cruzan con una de flores blancas, símbolo «a» minúscula, se forma el híbrido «Aa», que tiene flores rojas, lo que significa que «A» domina sobre «a». «A» domina, oculta, pero no anula «a», de tal manera que plantas con flores blancas (a) reaparecen en la descendencia del híbrido. Mendel describió sus experiencias aplicando a la botánica el simbolismo algebraico y el cálculo de probabilidades, que le permitieron prever la frecuencia en la emergencia y reabsorción de diferentes pares de caracteres, verificados en experimentos más que perfectos. También calculó que la frecuencia de los caracteres permanece constante en las generaciones sucesivas, es decir, que la estructura morfológica de las poblaciones es una invariante, salvo por algunos posibles factores de perturbación, que diligentemente dejó fuera de sus experimentos.

Esta conclusión hizo poco atractivo el pensamiento de Mendel en los años en los que se estaba afirmando la Teoría de la Evolución, cuyo postulado fundamental era que la composición genética de las poblaciones fuera variante generación tras generación, e incluso que la acumulación de esta variación en tiempos prolongados fuese el origen de las especies, que fuese la propia Evolución. La afirmación del Mendelismo se corresponde, al principio del siglo XX, con el eclipse del Evolucionismo, hasta que en el periodo de entreguerras se llegó a una composición entre ambas teorías, que se convino en llamar la «Nueva Síntesis» (o Teoría Sintética) por el título de un libro de Julian Huxley.

Lo que realmente sucedió fue que la afirmación del Mendelismo descartó casi todas las fuerzas que Darwin había invocado para explicar la evolución. Darwin estaba convencido de que la herencia era el resultado de la mezcla de líquidos seminales; pero la mezcla, se le había objetado, tiene el efecto de disolver las variaciones. La herencia mendeliana es un reordenamiento de esencias que se asocian pero que no se mezclan, así que un carácter variado siempre tiene la posibilidad de reaparecer. Pero la idea de la mezcla no era una visión peregrina de Darwin: era un corolario necesario de su convicción de que el ambiente actúa directamente sobre los fluidos germinales, cuando estos se preparaban en el cuerpo para verterse en el semen en el momento del orgasmo. Las esencias de Mendel no se prestaban a estas influencias ni a estas transferencias. Eran estáticas, permanentes y abstractas respecto al ambiente. En ciertos círculos fueron consideradas reaccionarias e incluso radicales, nacidas como lo habían hecho del huerto de un sacerdote.

Mendel permaneció ignorado durante treinta y cinco años, mientras Darwin dominó, y sus leyes aparecieron cuando el Evolucionismo entró en crisis a comienzos del siglo XX. El Evolucionismo se recuperó más tarde, agregándose al Mendelismo, pero de Darwin no quedó ya nada, salvo la Selección Natural, que el último Darwin había redimensionado considerablemente, y que la genética siempre tuvo menos en cuenta.

El acomodamiento fue bastante equívoco porque las variaciones de Mendel tenían poco que ver con las variaciones requeridas por la Teoría de la Evolución. En realidad, para Mendel los caracteres se reordenaban pero no cambiaban, ni de tipo ni de frecuencia.

Aunque se atribuía a Mendel el descubrimiento de la naturaleza «particulada» de las esencias hereditarias, él nunca desarrolló una hipótesis sobre su estructura. Lo que hizo fue indicar los caracteres de las razas puras con «A» o «a», y los de los híbridos con «Aa». Si hubiera pensado en partículas o bolitas variadamente asociadas habría usado la simbología «AA» Y «aa» para los caracteres puros, lo que después se hizo de uso corriente en la genética. El «gen» como entidad física diferenciada se evidenció solo algunos años después del redescubrimiento de Mendel (W.W. Johansen, 1900). Este añadió una connotación física a la «esencia» mendeliana, pero le quitó su relación con el carácter. La genética perderá su rango de ciencia formalizada y se convertirá cada vez más en el análisis químico del gen, de su estructura molecular y de sus alteraciones.

Las variaciones de las que se interesan los evolucionistas modernos derivan de un proceso ciego, la «mutación», que Darwin y Mendel ignoraban. La acumulación de diferentes mutaciones es lo que, según la Teoría Sintética, produce la diferencia entre las especies. Naturalmente esto requiere de tiempos prolongados y de la obra de la Selección Natural, que elige entre las mutaciones las rarísimas más ventajosas, las más válidas. Mendel evitó cuidadosamente que las razas por él preseleccionadas para sus experimentos tuvieran diferentes vitalidades. Lo cual habría alterado sus cuentas, y nunca habría pensado que precisamente de estas perturbaciones resurgiría la teoría destinada a cambiar el mundo. De Mendel, la Teoría Sintética había adoptado sobre todo la idea del reordenamiento al azar de los caracteres. Este proceso, privilegio de las especies sexuadas, parecía inventado a propósito para multiplicar la variabilidad. Diez pares de caracteres ordenados pueden producir 2^{10} combinaciones, es decir, más de dos mil tipos diferentes.

Dadme la variabilidad, y un buen método de selección, y os levantaré el mundo: esta permaneció durante mucho tiempo como la convicción del evolucionista del siglo XX. Y porque la sexualidad aparecía como el multiplicador de la variabilidad, fue llamada cómplice de esta trasgresión universal que resultaba ser la evolución biológica. Recuerdo que yo también tuve, en tiempos lejanos, este pensamiento: si cultivase miles de bacterias y tuviese una técnica para seleccionar lo que quisiera, sacaría de mis placas un elefante.

En tiempos recientes la inestabilidad de los materiales de la herencia han encontrado nuevos recursos. Se han descubierto los llamados «genios saltadores» que pasan de un cromosoma a otro, genios virales que pasan de un individuo a otro (herencia horizontal), genios a pedazos capaces de reordenar sus propios fragmentos, y otras locuras del ADN.

A veces sucede en la ciencia que, para explicar un fenómeno, se exploran procesos y se construyen modelos que lo resuelven, incluso más allá de lo requerido. Pero finalmente se descubre que este fenómeno para el cual tenemos tantas explicaciones, no existe. Esto sucede con la transformación de las especies. Observadas en la naturaleza y en los hallazgos de la paleontología, las especies vivientes resultan sustancialmente *estables* en el tiempo, capaces de desafiar en su constancia los millones de años y en algunos casos los centenares de millones de años. Han sido hallados los mecanismos para algo que no existía. Todo cambia, para permanecer como lo que es.

En la novela siciliana *El Gatopardo*, de Tomasi de Lampedusa, el protagonista es un príncipe palermitano, inquieto y conservador. Tiene un sobrino predilecto, el frívolo Tancredi, que parece dispuesto a tratar con los revolucionarios y los garibaldinos. Al tío perplejo, «en un acceso de seriedad» le hace esta declaración, que ha sido elegida como símbolo de la novela: «*Si no estamos también nosotros, esos te hacen la república. Si queremos que todo permanezca como está, es necesario que todo cambie. ¿Me he explicado?»*. Esto no es un parecer tramposo, es una teoría de la estabilidad. Se formaría así: solo las oscilaciones derivadas de la variabilidad permiten a la especie mantenerse fieles al tipo.

Un hombre en bicicleta se mantiene en equilibrio oscilando constantemente de un lado a otro y volviendo recto por un impulso natural en sentido opuesto a aquel sobre el cual tiende a caer. ¡Pobre de él si se pone tenso o si la rueda se metiera en el riel de un tranvía! El ciclista en *surplace* no hace más que oscilar el manillar. Y el funambulista: ¿lo habéis visto alguna vez inmóvil? Esto por hablar de la variabilidad estabilizante o la estabilidad precaria no son contradicciones en términos, son oximorones.

Todos los organismos poseen defensas inmediatas de las variaciones. Estas pasan bajo el nombre de «mecanismos de reparación». Si una hélice del ADN sufre una alteración, está preparado un mecanismo que corta el pedacito alterado y lo reconstruye copiándolo en la hélice hermana que quedó indemne. ¿Cómo hace la célula para saber cuál de las dos hélices es la correcta? No es difícil: reconoce la hélice «vieja» respecto a aquella «nueva», que contiene los errores de copia.

El método más eficaz a través del cual los organismos se defienden de la tendencia a decaer genéticamente en las generaciones, a liberarse de la carga genética y a especializarse, es el propio reordenamiento sexual. En los años Treinta, cuando este entró en auge, se pensó que su función fuese la de aumentar la variabilidad y ofrecer el máximo de las combinaciones genéticas al tamiz de la selección. Poco a poco resultó que su función era, en cambio, conservadora. Cada grupo o individuo involucrado en la reproducción sexual contribuye con sus genes al estanque genético de la población, cuyas aguas son perennemente remezcladas con la tendencia de los individuos a confundirse en los coitos. El único modo que un grupo tiene para distinguirse del vulgo es el retiro del anacoreta y del cenobita, o la partida del colonizador, que se instala en nuevas tierras (o en nuevos charcos) para formar una comunidad aislada (especiación alopátrica). O bien se puede distinguir dentro de la comunidad general un grupito que adopte un estilo de vida excéntrico, o una colocación exclusiva, que de todos modos interrumpa el flujo de correspondencias amorosas (especiación simpátrica). La sexualidad confunde y uniforma, mezcla y estabiliza, aunque la herencia no esté hecha de líquidos darwinianos, sino de gránulos mendelianos.

La variabilidad limitada que una especie mantiene, con sus distinciones internas parciales, sus semi-aislamientos y su general promiscuidad es garantía de estabilidad a largo término. Reglas y transgresiones, promesas e infidelidades, son suficiente para mantener viva la variabilidad que distingue y la diversidad que alegra. Un exceso de uniformidad ahoga a la especie, un exceso de disformidad la descompone.

La sexualidad ha alegrado el mundo, de las fieras a las flores, pero ha concluido la evolución, Por todas partes, en las líneas vivientes, cuando la descuidada Venus ha tomado el mando, las formas han olvidado progresar. Solo los criadores han cambiado sus razas, con la prepotencia, la esclavitud y la segregación: estos métodos han vuelto tristes y ajenos a sus animales, pero no han creado nuevas especies. Abandonadas a sí mismas, las razas criadas se extinguirían o se volverían salvajes. Son un pésimo modelo para las vicisitudes naturales.

La genética enseña que es la intervención de la selección la que cambia la especie: la variabilidad por sí sola es vana. El vago oscilar para permanecer siempre en el mismo lugar no cambia las cosas, como dice sabiamente el príncipe Tancredi. Solo la Selección Natural —dicen los textos— cambiaría las formas y las especies. Siempre se nos ha puesto como ejemplo la polilla de los abedules. Su historia se cuenta como un cuento.

Érase una vez una población de polillas gris moteada que se posaban sobre los troncos grises de los abedules, huyendo del acecho de los pájaros depredadores. Más tarde se desarrollaron las industrias con sus chimeneas, los troncos se ennegrecieron con el hollín y las polillas se volvieron visibles, grises sobre el fondo negro. Pero he aquí que apareció el linaje de las polillas negras. Ellas se camuflaban sobre el nuevo fondo oscuro, mientras que las polillas grises desaparecieron, las negras tomaron ventaja y se determinó el famoso «melanismo industrial». La historieta también tenía un fondo ecológico y moralista y fue adoptada como modelo de la evolución bajo nuestros ojos, contada a niños y difundida sobre los libros escolares.

La fábula de las mariposillas de los abedules es plausible, pero no es cierta. Se da el caso de que tenemos muchos ejemplos de melanismo en lugares sin industria y sin hollín, y que las polillas no tienen en absoluto la costumbre de posarse sobre los troncos, sino que se esconden entre el follaje, donde la intervención humana ha devuelto los troncos al color original, las polillas a menudo han permanecido negras. Además las polillas usadas por Kettlewell han sido recogidas con trampas luminosas que las han dejado ciegas y atontadas antes de ser depositadas en los troncos de tortura, a la espera de los dragones. Que, si después todo hubiera sido correcto, honesto y gentil, las polillas grises y las polillas negras no son más que variantes de una misma especie, hermanitas diferentes por un solo gen, o quizás, alguno lo duda, por un efecto del ambiente como las vanesas de Weismann.

El caso de la polilla del abedul es el ejemplo más citado de «evolución ante nuestros ojos», pero se da por entendido que la evolución no es algo que ocurra bajo nuestras narices, sino que obedece a un proceso larguísimo o a un proceso rarísimo. Es el movimiento lentísimo de algunas estrellas «fijas» en relación al firmamento, o la explosión de una supernova. No se le aparece a quien observa el cielo nocturno, salvo que confunda las estrellas con los meteoros de la noche de San Lorenzo.

La Selección Natural —que ciertamente opera en la naturaleza, como también sabía el obispo Wilberforce, gran adversario de Darwin— tiene primariamente una función equilibrante y estabilizadora. Elimina a todos aquellos que osan alejarse del tipo: los excéntricos y los aventureros, así como los marginales. Siempre corrige las poblaciones, pero en todo caso lo hace devolviéndolas a la norma. Los textos enseñan que, cambiando las condiciones ambientales, la selección puede alejar los valores de la media, con aquel proceso que se conoce como «adaptación». Si el clima se hace rígido, se perjudica a los frioleros; si se vuelve ventoso, se expulsa a los más expuestos; si estalla una enfermedad, se pierden los más débiles. Pero estas astucias sirven mientras pasan las nubes. La especie es en realidad una entidad orgánica, una forma típica, que puede desviarse solo para volver al surco de su destino, puede derrapar solo para recomponerse en su banda.

Todo lo que descompone, desproporciona o distorsiona es, tarde o temprano, reconducido al tipo, devuelto al equilibrio. Muchos han confundido el ajuste temporal con los grandes destinos, la pequeña astucia con el signo de los tiempos.

Es cierto que una especie puede perder algo —digamos: el topo los ojos o la planta grasa las hojas— y no recuperarlo nunca más. Pero así nacen las especies infelices, mutiladas, en los márgenes de las áreas de distribución, las especies extremas, las especializadas. No tienen futuro, no son pioneras, están recluidas en las penitenciarías de la naturaleza.

El problema está todo aquí: o el tipo es una realidad sólida y estable, que se defiende oscilando, retrocediendo y avanzando, o no existe en absoluto; existe solo la media, como quieren los estadísticos. Si cambia la media no hay ningún motivo para que vuelva a ser como era. Sin un modelo al que mantenerse fiel, todo tiende a disolverse o a dispersarse en la pequeña practicidad. Mientras las épocas avanzan sin detenerse —escribe Manlio Sgalambro—, «*la verdad está quieta y la verdadera fuerza es estar quieto con ella*».

La naturaleza viviente no es un juego de bolsa ni mucho menos una partida de *roulette*. Que el azar tenga su parte no se puede negar, pero que este sea el amo, junto al oportunismo local, es una pretensión sin fundamento. Serviría para explicar lo irresoluble de las especies, su inquieto vagar, su gradual convertirse la una en la otra. Pero ninguna de estas cosas existe en el repertorio de la naturaleza.

Las especies se mantienen estables, quizás durante millones de años —a pesar de las ofensas de la mutación y de los impulsos de la selección— y después se extinguen. El opossum, una gran rata con marsupio (*Didelphis marsupialis*), habita en todo el continente americano, donde trepa por los árboles y es perseguida por los daños que ocasiona en el gallinero. Las hembras tienen hasta tres partos al año, cada uno de ellos de entre 10 y 18 crías. Los huesos fósiles del opossum, que se remontan al Cretácico (hace unos mil millones de años), son iguales al moderno cazador de pollos. A pesar de la gran prolificidad y la extrema variedad de los ambientes, la especie se ha mantenido fiel a sí misma. Pensemos después en la *Lingula*, un molusco bivalvo del *phylum* de los braquiópodos; algunas de sus especies han permanecido casi inmutables desde el origen de los animales pluricelulares, durante 450 millones de años. ¿Cómo podría haber ocurrido esto sin ningún mecanismo de estabilidad, ciertamente más difícil de imaginar de lo que es la fuente de la variabilidad? ¿Por qué atormentarse el alma buscando la explicación de lo que no sucede, y considerar con suficiencia la verdadera seña de identidad de la vida: la estabilidad?

La corteza terrestre es más variable que los organismos que sobre ella se apoyan y desde la que alzan el vuelo. Los continentes han ido a la deriva, se han chocado y compenetrado, mientras que las especies mantenían su fisonomía. Ha escrito Thorpe: «*La lavandera* (Motacilla) *del jardín estaba aquí antes de que surgieran los montes del Himalaya*».

5

Aprendiendo el canto innato

EN LOS ÚLTIMOS DOS SIGLOS ha prevalecido un pensamiento, precipitado y práctico, según el cual cada parte de un animal o de una planta está hecha con un objetivo: las alas para sostener a los pájaros, las corolas florales para atraer a los insectos polinizadores. La idea es ingeniosa y explica por qué esas partes se mantienen, y en buen estado. Una golondrina sin alas o un rosa sin flores no tendrían modo de sobrevivir y desaparecerían, si no por la severidad de la naturaleza, por tristeza. La idea da menos cuenta de como puede suceder que, en el curso de la historia, los pájaros hayan asumido las alas y los rosales las flores de rosa.

Una golondrina no pudo haber adquirido las alas como un traje de noche en una sastrería. Una golondrina sin alas no sería una golondrina y no tendría modo de arrastrarse para hacer la suntuosa compra en los almacenes de la realidad. Entonces se piensa que la bestiecilla ha adquirido poco a poco, por así decirlo, comprándola a plazos, su vestimenta de flecha negra, partiendo de la de un pajarito despojado; un gorrión, y transfigurándolo en la silueta aérea que anuncia la primavera. Pero es difícil imaginar cómo se las habría arreglado una golondrina a mitad de camino, y por qué habría insistido tanto en una pista sin meta, no pudiendo saber ciertamente que era una golondrina predestinada y sin haber visto nunca el objetivo de su penoso recorrido. Y además, ¿alguien ha visto la casi-golondrina o algún paleontólogo nos ha ofrecido su fósil? Esto nunca ha ocurrido, como nunca se ha descubierto el medio murciélago o la ballena en embrión. Cuando aparecen entre los restos fósiles, las golondrinas, los murciélagos y las ballenas ya están completamente formados y antes de ellos no hay nadie que los anuncie o que intente acercarse.

Richard Dawkins ha tratado de reconstruir el proceso histórico sirviéndose de un ordenador. En un tiempo razonable ha logrado hacer aparecer sobre la pantalla la silueta de una mosca, o bien un verso de Shakespeare, a través de una serie de «mutaciones» ciegas sucesivas, partiendo de un garabato o de una línea de letritas al azar. Concentrémonos en el verso. La variación en el caso de las letras individuales del sinsentido inicial hace y deshace su obra, se acerca y se aleja, y emplearía miles de millones de miles de millones de años para componer el verso deseado, o, en todo caso, un verso cualquiera. Así lo calculó Dawkins. Cicerón lo había comprendido muy bien, dos mil años antes, cuando escribió que jamás habría podido componer un verso de Ennio arrojando letras al azar al suelo.

¿Cómo lo consiguió entonces Dawkins? Lo hizo así: introdujo el verso de Shakespeare en la memoria del ordenador y estableció la regla de que cada letra que por casualidad apareciera en el lugar correcto permaneciera fijada allí. Una tras otra, las letras se fueron estableciendo en su propio lugar y, como por arte de magia, el verso apareció en la pantalla del ordenador. Dawkins ha titulado su libro como *El reloj ciego*, dejando implícito en el título que las formas vivientes se forman sin programa, por los juegos del azar. En realidad, demostró lo contrario: que sin un proyecto oculto o sin una idea preestablecida no se forma nada de nada. El verso que apareció milagrosamente ya existía, oculto, invitando a las letras a ordenarse según sus instrucciones.

¿Esta conclusión viene a significar que también nuestra golondrina (o el murciélago o la ballena) ya existían, en el catálogo de la naturaleza, antes que un ser, por grados o de un salto, se acomodara en su forma? René Thom, el matemático de la Teoría de las Catástrofes, expresa claramente el concepto, comparando las estructuras vivientes con entidades geométricas y previendo para ellas un número limitado. Toda forma arquetípica, cuando es alcanzada por el frente de onda de la existencia, se manifiesta en la realidad.

La forma viviente tiende a expresar su propia identidad, o testimoniar su misma naturaleza. Lo hace asumiendo configuraciones, exhibiendo diseños, expresando cantos o perfumes, que poco tienen que ver con la supervivencia, con la utilidad o con las funciones vitales. Karen Blixen, la gran escritora danesa de *Memorias de África* y *Ehrengard*, quedó maravillada por las flores del castaño, rectas como cirios, por las flores de lilas que irrumpían de cada rama, por las flores del codeso colgantes como carámbanos dorados, por las flores del espino blanco expandidas como capas de nieve blanca y rosa. Ella protesta al decir que no es posible que tal infinita variedad sea necesaria para la economía de la naturaleza, y percibe en esta la manifestación de un espíritu universal, juguetón e «*incapaz de contener sus torrentes juguetones de felicidad*». Dar una explicación a la variedad de todas las formas en referencia al único parámetro de la supervivencia o de la utilidad equivale a privar a las particularidades de la naturaleza de una razón propia y entregarlas todas juntas a una Razón externa y extraña, a una única rúbrica en la que una vale por la otra y ninguna vale por sí misma. Significa destruir las singularidades y las fisonomías sustituyéndolas por algo análogo a un código fiscal, útil solo para comprobar que cada una pague su tributo a la naturaleza. Rebeláos, especies, familias y órdenes, y exigid cada una una razón propia, un alma propia, de la que no dar cuenta al recaudador de impuestos.

El problema del por qué las especies difieren tan profundamente entre ellas no es un problema de adaptación o de utilidad. Las diferencias exceden en amplia medida toda necesidad funcional y, más bien, parecen ser signos de pertenencia, desahogos de vida. Adolf Portmann observó que los animales superiores —el tigre, el ciervo y el hombre— se imponen por su porte y actitud en la medida que son conscientes de su función en la naturaleza. Cuanto más elevada es la organización, tanto más la expresión de la forma se concentra en la cabeza, como el polo guía del organismo. El hocico del tigre enfurecido es una obra maestra de la potencia expresiva: la dentadura exaltada por los colmillos salientes, el ojo aguileño rodeado por el maquillaje salvaje de las rayas, los bigotes tensos como trazos luminosos, el pelaje blanco que enmarca la expresión de la ferocidad, y las orejas diabólicas plegadas hacia atrás. El dibujo de rayas sigue la disposición de las regiones del cuerpo como si pintara la musculatura poderosa y subrayara su ímpetu. El tigre no se adapta a la jungla, no emerge en ella, irrumpe; hace la jungla. ¡Qué nobleza en el hocico del caballo, en sus ojos, en sus orejas, en sus fosas nasales y qué alta dignidad en sus andares!

En los mamíferos inferiores, como las ardillas, el cuerpo está marcado por bandas que subdividen el tronco, y el hocico es inexpresivo y sin adornos. En los peces los colores pueden ser vivos y brillantes, incluso en especies que nunca ven la luz, pero las figuras no tienen relación con la estructura interna y parecen dispuestas como colores en una paleta.

Las conchas de moluscos son maestras de formas, torsiones y decoraciones, que en los fondos marinos tienen pocos admiradores. Parecen joyas de escultores y pintores que han trabajado con sabiduría plástica y gráfica tanto como con absoluto desinterés, de modo que sus tesoros caigan en los fondos invisibles de los océanos. Las espirales de los caparazones, como observó D'Arcy Wentworth Thompson, son ejercicios de alta matemática, productos de una naturaleza que «*exhibe solamente un reflejo de las formas contempladas por la geometría*». Los dibujos son obra de delicados pintores abstractos sin galerías y sin mercado. Las conchas del género *Voluta* están pintadas con rayas alternas claras y oscuras. El margen del manto, creciendo como una onda que avanza, deja a sus espaldas secreciones coloreadas. Si la secreción está circunscrita en el espacio a algunos segmentos del margen, la concha se viste de rayas meridianas perpendiculares al límite del manto. Si la alternancia es en el tiempo, las rayas se alternan paralelas al borde que ahora pinta y ahora descansa. Si las dos alternativas se superponen, se forma un reticulado blanco que separa series de cuadraditos oscuros alineados y en columnas. Para alegría del geómetra o de un dios que *aei geometrei* (siempre geometriza).

Pienso que el problema de qué tienen que decir los animales y qué tienen que decirnos tiene poco que ver con la anatomía comparada, que es la ciencia del silencio animal. Ella nos instruye sobre cómo están hechos de la misma manera la ballena y el gato, salvo por la exageración y la atrofia de algunas partes en una y en otro, diferencias para las que tenemos explicaciones adaptativo-prácticas. La ciencia de las homologías es la cultura de la homología animal. Un pajarito y un elefante tienen las mismas vértebras, las mismas costillas, el mismo número de falanges en las patas. Un ala de pájaro no es más que una pata atrofiada, una aleta de cetáceo es una pata recortada.

La morfología fisiognómica, que busca el sentido de conjunto de los animales, enseña lo que el animal tiene que decir. No goza de mucho crédito porque es predilecta de los antroposofistas y está contaminada por la poesía. Basándonos en las descripciones de Herman Poppelbaum intentamos comparar al pájaro con el mamífero.

El mamífero cuadrúpedo, con su pelaje, sus olores y sus secreciones tiende a confundirse y a disolverse en el ambiente. Lo acoge en sus vísceras y lo fertiliza con sus heces orgánicas. Forma al hijo dentro de sí y lo alimenta con su leche. Está guiado por su propia cabeza pesada que se introduce, se infiltra, huele y saborea en una suerte de abrazo con la madre tierra. Sus colores son gris-marrón, como los de la tierra. Tiembla, gruñe o grita. El pájaro tiene el tronco cerrado en un cestillo óseo que acoge en su bóveda el abdomen. Al tronco, la pequeña cabeza está unida como un tentáculo, separada como un periscopio. Es un instrumento para picotear, triturar y hacer el nido. Las patas son secas, enclenques y mecanizadas. Los hijos se crían fuera, cerrados en un caparazón inaccesible. Las plumas forman una coraza córnea que hace al animal impermeable al ambiente. Un pájaro sin plumas es irreconocible y se reduce a un «pequeño haz de miseria». El pájaro está formado por sus plumas, que dibujan su contorno y expresan su esplendor coloreado. Erguido sobre dos patas, escapa de la tierra; su patria es el aire, la atmósfera, la lejanía. Incorpora en sus pulmones y en sus sacos aéreos grandes cantidades de cielo que lo vuelven frágil y ligero. Rudolf Steiner dijo que el tordo piensa con los pulmones. La gloria del pájaro son las alas que adornan los pequeños huesos de los brazos con vastas extensiones en abanico, hechas de plumas espléndidas y muertas. Con ellas el pájaro huye de la tierra y dibuja en lo inmenso la trayectoria de su vuelo.

Y canta.

Los silvidos son paseriformes diminutos gris-marrón, el más conocido de los cuales es la curruca. Sobresalen por el canto juvenil, que comienzan a solfear en la segunda semana y que emiten íntegro y gozoso después del mes. El canto es peculiar de cada especie y no necesita ningún ejercicio de aprendizaje. Aunque el pajarito haya sido mantenido al abrigo de todo sonido e incluso su huevo haya sido mantenido en silencio, el canto brota espontáneo cuando llega su tiempo y todos los estudiosos coinciden en afirmar que no tiene ninguna función «adaptativa». En algunas especies el canto aparece incluso en ejemplares sin oído, que ejecutan, sin escucharla, su novena sinfonía. Una observación de Konrad Lorenz refuerza esta opinión. El pechiazul, nos cuenta, emite un canto armonioso y complejo, una verdadera delicia musical, y lo gorjea cuando se queda tranquilo y relajado en su arbusto, «poetando para sí mismo». Cuando el adulto está ocupado cantando con algún propósito, para defender el territorio de un rival o para atraer la atención de la hembra, la finura del canto desaparece y el pajarito repite monótonamente las estrofas más fuertes, sin gracia ya, pero esta vez con una intención. El canto, enseña este apólogo, es una expresión innata del pajarito, un desahogo de «auto-presentación», por usar un término de Adolf Portmann. Ciertamente no deriva de las necesidades del pájaro, que al contrario lo degradan. Para sus fines adaptativos, el pechiazul adulto toma de su vasto repertorio solo algunos fragmentos ruidosos y, por tanto, en la lucha por la existencia expresa mucho menos de lo que posee.

Para los canarios la historia parece diferente; ellos deben aprender su canto, deben memorizar los sonidos que luego expresarán. Esto no quiere decir que su canto no sea innato, significa más bien que lo poseen en lo oculto y se expresa sólo cuando es evocado. Recuerdan un canto silencioso que llevan dentro de sí. Otros pajaritos, como el ruiseñor, aprenden y reproducen también el canto de algunas otras especies, para volver cada vez al canto ancestral. Lo aprendido expresa la grandeza inexpresada de lo innato.

Lo innato no reside sólo en las espirales del ADN. También tiene casa en todos aquellos vínculos y aquellas jaulas en los que el pajarito en vías de desarrollo se conforma, y en los remolinos del campo morfogenético, que brotan en el esplendor de las plumas y gorjean en las festivas melodías de los cantos.

Me doy cuenta de que todo mi discurso está permeado por una convicción: que lo innato debe ser bueno, que su revelación debe ser consoladora y alegre como un canto de alondras. Este sentir mío contrasta con el mal humor evolucionista, según el cual lo «congénito» hace pensar enseguida en un defecto, en un embrión abortado o en una fealdad primordial, y el objetivo de la vida y del progreso sería precisamente liberarse de la penosa obligación contraída con el pasado.

Yo me siento sobrecogido por lo innato que se revela, como por algo sublime y único, sin comparación y absolutamente inalcanzable para mi juicio. La belleza del mundo es ilimitada y minuciosa frente a la idiotez insensata de los ciclones y las tormentas, o frente a las faltas de gramática en la representación de la divina comedia del ser. ¿Y nosotros deberíamos creer que esos desahogos del caos y esos desgarrones son el pasado que nos ha construido y las promesas del futuro? La flor abierta del mundo es una catedral de catedrales, y a nosotros solo nos queda tocar con la rodilla la tierra y recitar *Domine, non sum dignus.*

6

¿Por qué la mosca no es un caballo?

EL CIENTÍFICO TIENE UN PRIVILEGIO respecto al teólogo, y es que frente a un interrogante, incluso central para sus teorías, puede responder: lo siento, no sé responder. Esta es la respuesta más honesta a la pregunta que titula este capítulo. Sabemos bien qué hace que una flor sea roja en lugar de blanca, donde está la tara del enanito, de un espástico o de un talasémico, y no estamos mucho más avanzados que la sabiduría de siempre, según la cual el gatito nace gatito porque es parido por una gata (montada por un gato) y la mosca sale del huevo de la mosca como gusano de mosca.

No lo sabemos, en los términos con los que la ciencia ha tratado de dar respuesta, que después son estos mismos términos los que, en cambio, nos han explicado con suficiencia las diferencias dentro de las especies: los cromosomas, los genes, y el ADN. Si queremos resolver el problema, que está en la base del origen de todas las especies, en términos moleculares, debemos admitir que la solución por ahora no existe. No existe, aunque repetidamente hayamos considerado que hemos llegado a la última puerta, más allá de la cual nos esperaba la revelación. Incluso hemos aprendido a descifrar el jeroglífico a través del cual leer la última inscripción, pero esta inscripción revelaba solo lo universal.

Con el método utilizado por Mendel en el estudio de los guisantes es posible establecer si una diferencia morfológica o funcional se debe a la diversidad de un gen. Una raza de guisantes con flores rojas se diferencia de una de flores blancas por un gen, y así también una raza de moscas del vinagre de ojos rojos de otra de ojos blancos. La hemofilia en el hombre está vinculada a un gen que se encuentra en el cromosoma sexual X, y en la talasemia al gen encargado de la globina β. Pero los genes para el gato o los de la mosca nadie los ha encontrado jamás. Ni tampoco los del ojo o del oído.

Se pensó, en un cierto momento, que la «gatitud» era una prerrogativa difundida por los genes del gato y la «mosquitud» de los genes de la mosca. Con la llegada del análisis proteico comparado se pensó incluso que la prueba estaba ya en nuestras manos. La proteína es el producto directo (o casi) del gen. *One gene-one protein* fue el resultado emocionante de una serie de investigaciones en bioquímica, concentradas especialmente en bacterias y mohos. Tanto el gen como la proteína son moléculas poliméricas, constituidas por subunidades en serie. Las perlas del collar génico son los nucleótidos, las del collar proteico son los aminoácidos. Un gen con novecientos nucleótidos fabrica una proteína con trescientos aminoácidos. Cada triplete de nucleótidos «codifica» un aminoácido. Los nucleótidos son únicamente de cuatro tipos, mientras que los aminoácidos son de veinte. La correspondencia entre los tripletes de nucleótidos y los aminoácidos individuales es lo que se ha denominado «código genético». El triplete UGG llama al aminoácido trp (triptófano), el CGU al arg (arginina), el UCG al ser (serina). Un tramo de gen UGGCGUUCG... pone en fila trp-arg-ser...

Se ha difundido la infeliz expresión: el «código genético» de Rafael o el «código genético» de Shakespeare, o el tuyo, o el mío, o el del gato o el de la mosca. La expresión es errónea, porque el código genético es universal, y Rafael tuvo el mismo, idéntico código que sus moscas y las nuestras, el idéntico cifrado para traducir sus genes en proteínas. En realidad, los investigadores que descifraron el código genético entendieron enseguida que era universal y no se sorprendieron demasiado, como si ya lo supieran. Para nosotros debe quedar claro esto, que no es el código genético el que hace la diferencia entre el gato y la mosca, entre el virus y la ballena.

Es evidente que quien utiliza la expresión código en el sentido impropio que hemos demostrado, entiende el «patrimonio» genético o, en términos literarios, el «texto» genético, que después el código transforma (descifra) en el equipamiento proteico. Eso sí que podía diferenciar a nuestro gran pintor de nuestra molesta mosca.

Entonces replanteamos la pregunta: ¿es la diferencia en el texto genético (o en el equipamiento proteico) lo que distingue a nuestros animales? Hoy conocemos el texto completo del ADN de muchas especies y podemos dar la respuesta. Veamos cómo ha ido la historia.

Se comenzó con las proteínas. Gran parte de estas son ubicuitarias, es decir, están presentes en todas las especies. Y esto ya es asombroso: las bacterias, las plantas y los animales tienen el 80% de las enzimas en común. Los primeros analistas de las proteínas eligieron un enzima de unos 100 aminoácidos presente en todos los organismos: el citocromo «c». Este fue analizado, letra por letra, en un gran número de especies. Y las diferencias existían. Hombre y chimpancé difieren por un único aminoácido, en la posición 66, que en el hombre es isoleucina y en el mono treonina. Mono y caballo difieren por 14 aminoácidos, caballo y serpiente de cascabel por 21, serpiente y tiburón por 24. Entre el atún y la mosca hay 25 diferencias (incluidos 4 aminoácidos que la mosca tiene de más respecto a los vertebrados). Con cierta aproximación se podía concluir que, cuanto más lejanas estaban dos especies entre sí, más diferían en la composición molecular de sus proteínas. Hubo quien, en este punto, consideró que el asunto estaba resuelto y que ya se sabía finalmente qué era lo que hacía la diferencia entre las especies a nivel molecular. Dado que detrás de cada aminoácido que cambia hay una mutación en el gen, las mutaciones parecieron la explicación de lo que hacía gato al gato y mosca a la mosca.

Pero no había explicación. Poco a poco resultó que todas las numerosas diferencias moleculares sobre las que se había trabajado eran irrelevantes para la función de la proteína. El citocromo «c» de cualquier especie —del hombre, a la mosca y a la espinaca— era funcionalmente idéntico; las mutaciones que habían establecido las diferencias moleculares eran, como se dijo, «neutrales». El citocromo «c» de la espinaca funcionaba igual de bien en la espinaca que en el hombre. «*Cuanto más nos acercamos al nivel molecular en el estudio de los organismos vivos* —escribió en 1972 R.E. Dickerson— *más semejantes nos aparecen estos y menos importante son las diferencias entre, por ejemplo, una mosca y un caballo*». Desde un punto de vista bioquímico, el caballo y la mosca que lo molesta son iguales. El bioquímismo de los vivientes es sustancialmente universal; ha permanecido constante en las eras geológicas y dentro de especies morfológicas totalmente diferentes. Este ha sido el mayor mensaje de la biología molecular. En 1977, uno de los padres de la genética bioquímica, François Jacob, escribía: «*No son las novedades bioquímicas las que han generado la diversificación de los organismos... Lo que distingue a una mariposa de un león, a una gallina de una mosca, o a un gusano de una ballena es mucho menos que una diferencia en sus constituyentes químicos que en la organización o distribución de estos constituyentes*».

Las diferencias que observamos en el interior de las especies, entre yo y tú, son, en cambio, diferencias bioquímicas. Cada especie tiene su espectro de variantes, que es un tipo de cuadro nosológico, un registro de desviaciones potenciales, correspondientes a las mutaciones más recurrentes en su patrimonio genético. El fenómeno es más evidente en las especies domésticas, incluida la nuestra, donde se conservan aquellas variaciones que la exposición a la vida salvaje tiende a eliminar en las especies naturales. El genetista ruso Nikolay Vavilov, gran estudioso de la biología de los cereales, observó que las diferentes especies —trigo, cebada, mijo, avena y centeno— presentaban el mismo espectro de variabilidad. Todas exhibían espigas con aristas o sin ellas, lisas o hirsutas, precoces o tardías, de granos oscuros o claros, y así sucesivamente. Él llamó a estos cuadros de variación «series paralelas» y, basándose en ellas, logró prever variaciones que aún no eran conocidas y más tarde descubrirlas en sus exploraciones botánicas.

Mientras casi todas las especies de cereales tenían variedades invernales o primaverales, el trigo duro era solo invernal. Buscó de manera incansable el trigo duro primaveral y lo encontró, en 1918, en una región aislada del Irán septentrional. Vavilov habló de «vínculos internos», o «leyes de la forma», intrínsecas a la especie y comunes en las especies afines.

Especies afines tienen iguales variedades morfológicas, es decir, el mismo cuadro de mutaciones, y esto indica su similitud genética, pero no que hace que una sea diferente de la otra. Podemos descifrar el fenómeno de las series paralelas comparando los ejércitos, blanco y negro, en el tablero de ajedrez. Las dos formaciones tienen las mismas variantes —rey, reina, caballo, torre, alfil y peón— y solo difieren entre sí por una propiedad sin forma: el color. Se puede decir que los dos ejércitos difieren mucho menos entre sí de lo que varían internamente. Fuera de la metáfora es precisamente la singular cualidad que distingue a las especies la que elude nuestro análisis. Escapa a la metodología del genetista, que necesita cruzar entre sí formas diferentes. Los miembros de una especie pueden cruzarse entre sí, pero no dan hijos fértiles con los miembros de la otra especie. Como decir que puedo hibridar un rey y una reina negros, pero no una pieza negra con una pieza blanca.

Entre las mutaciones que alteran la forma de los animales algunas son catastróficas, provocando verdaderas subversiones morfológicas. Las primeras fueron observadas en la mosca del vinagre, la drosófila: causaban el desplazamiento, la pérdida o la duplicación de las partes. Se encontraron drosófilas con patas en lugar de antenas, con el tórax duplicado y, por tanto, con cuatro alas, totalmente privadas de ojos. He aquí —se pensó— que están descubiertos los genes encargados de la organización general, es decir, a especificar las posiciones relacionadas dentro del cuerpo. Y resultó que, en los últimos años, estos genes se encuentran todos juntos, en una serie alineada de diez, que se llamó *hox cluster*. Parecieron como una miniatura genética de la mosca: el primer gen estaba encargado del segmento anterior y todos los demás en fila, dedicados al control de los segmentos siguientes.

Fue un descubrimiento inesperado y extraordinario.

La mayor sorpresa vino cuando (1989) el mismo paquete de genes (*hox-cluster*) fue encontrado en el ratón y luego en el anfioxo, en el xenopus (un anfibio), en la sanguijuela y en un gusano, es decir, en todo tipo de animales. En los vertebrados el paquete estaba replicado cuatro o cinco veces. En los diferentes tipos, cada gen del paquete preside el desarrollo de una determinada región del embrión, de la cabeza a la cola, aunque induciendo en ella, obviamente, expresiones diferentes. El gen que supervisa los espiráculos cefálicos (poros respiratorios) de la drosófila se expresa en la cabeza del ratón. La cola del ratón y la extremidad posterior de una langosta o de un anfibio están bajo el control del mismo gen. Todos los animales tienen el mismo paquete de genes que decreta el orden de sus regiones corporales, aunque estas sean muy diferentes en los diversos tipos. Se llegó a la conclusión de que el paquete era antiquísimo y universal, que pertenecía al progenitor de los animales y se había conservado intacto durante todo el desarrollo de la fauna, durante medio millón de años. Los genes que ordenan un mamífero son los mismos que ordenan un insecto.

Si transferimos el gen que posiciona el ojo de un topo al huevo de un mosquito ciego, reparando su paquete posicional, el mosquito recupera sus ojos rojos facetados, aunque el gen le haya sido ofrecido por un ratón con ojos redondos y penetrantes.

¿Qué es entonces lo que hace a la mosca mosca y al topo topo? También los genes que gobiernan el orden de las regiones del cuerpo son universales en los animales (como el código genético de los seres vivos) y nosotros estamos en la búsqueda de este *quid* que hace la elusiva diferencia. Y cada vez se consolida más la idea de que este no se encuentra en el profundo corazón molecular de las células; más bien en un vago «campo» que se despliega hasta resolverse en la forma misma de la mosca o del ratón.

Y nos asalta la sospecha de que estas formas no sean solo el resultado último de la tinta genética y de la obra extendida del pincel del «campo», sino que ellas mismas tienen algo importante que decir en la fábrica de lo viviente.

El cristalino ocular se produce en el interior de la epidermis frontal cuando la vesícula óptica, que se prolonga desde el cerebro embrionario, se apoya sobre la epidermis. Está enmarcada por el iris coloreado, procedente de un tejido completamente distinto. Si a una salamandra se le extirpa el cristalino, este se regenera, pero no desde la epidermis adyacente. Se forma desde el borde del epitelio del iris, que se decolora, comienza a multiplicarse y se moldea en cristalino transparente. Driesch llamó a la propiedad de alcanzar el mismo resultado morfológico por diferentes vías «*equifinalidad*».

Cabría decir que una forma final «atrae» el desarrollo hacia sí misma, para llenar su espacio. Y entonces no solo el frío ojo de la salamandra, o el animalito entero, sino toda forma de la naturaleza parece correr hacia una cuenca preparada para ella, hacia un paisaje predispuesto. «*Toda forma propia* —ha escrito René Thom— *aspira a la existencia y atrae el frente de onda de los seres*».

Este pensamiento encuentra un equivalente en la teoría de las «ondas convergentes» de Luigi Fantappié. La caída de una piedra en el agua de un estanco produce una turbulencia local que se abre en ondas circulares concéntricas y divergentes. Estas se extienden y se adelgazan hacia el margen hasta desaparecer. Invirtiendo la flecha del tiempo, sobre el estanque inmóvil una fina onda circular extensa se dibuja sobre el agua y se estrecha hacia el centro, elevándose poco a poco, seguida por otras ondas más finas, convergentes como ella desde la nada. Finalmente, mientras las ondas liberan el campo y se agrupan en el centro, se produce una turbulencia que escupe fuera la piedrecita. Fantappié (1941) llamó a tal proceso de «sintropía» por oposición a la decadencia «entrópica» del mundo físico. En los mismos años Schrödinger (1944) avanzó el concepto análogo de «negentropía». Trasladada al mundo de los seres vivos, la onda convergente corresponde a una rana que se empequeñece y se convierte en un renacuajo, en una gástrula y luego en un huevo. Esto, naturalmente, nunca sucede, sin embargo, cambiando el orden del tiempo, podemos figurarnos un futuro que llama hacia sí el presente y lo acompaña a lo largo de las vías oportunas (equifinales) para que se actualice. El experimento no se puede hacer, pero la historia se puede contar y, por implausible que sea, ofrece una extraña lógica invertida que logra describir matemáticamente cómo las formas concluidas atraen la realidad.

En la llamada «inducción primaria», el labio del blastoporo de la gástrula de rana corresponde a la piedrecita. Produce pliegues y cavidades hasta el resultado final de una ranita. Pero, sabemos, que ese labio puede ser sustituido por cualquier partícula orgánica, muerta o mineral. No es la «causa» del proceso, el cual está de todos modos predispuesto y «auto-organizado», y solo espera una señal para acudir a la llamada y abrirse hacia la onda extrema que marca su confín. En este lago cristalino del destino, lo innato, no se impone desde el pasado, sino que espera en el futuro, como la última onda que recorre a la inversa las extensiones hacia el presente. La onda final —la forma— no «produce» los eventos del desarrollo y de la vida; los adopta y los calibra para que la alcancen. El mundo «sintropía» es un universo, o una parte de él, que gira al revés en el tiempo... Pero ¿no ha estado siempre el destino situado en el futuro? ¿Y no han invertido más bien el mundo aquellos que depositaron el hado en los genes, para poder analizarlo y manipularlo? El compositor de una *Lied* parte de un canto mental nunca cantado, punteando en el pentagrama notas que no son la «causa» de ese canto venidero, sino su registro.

La cantante que ejecuta la pieza recorre a la inversa el proceso, procediendo de las notas al canto abierto. Canto que podrá ser, ay, el aullido de la perra o —¡escuchen, escuchen!— la melodía de un ruiseñor.

7

El niño que no quería crecer

La Casina Pío IV, en los jardines vaticanos, es el lugar donde se realizan las diferentes sesiones de la Academia Pontificia de las Ciencias. Es una villa rodeada de árboles y de prados que hablan de paraísos perdidos. En 1982 fui invitado, no sé por qué méritos, a participar con un grupo de trabajo, un *workshop* internacional, sobre el origen del hombre, que en realidad se titulaba «Progresos Recientes en la Evolución de los Primates». En él participaban los paleontólogos y biólogos moleculares humanos más prestigiosos, desde hacía tiempo familiarizados (a diferencia de mi) con hombres y simios, y ya de acuerdo sobre las líneas generales de la exposición.

Los paleontólogos de los Primates debían reponerse de una noticia de algunos años antes, anunciada por los biólogos moleculares. Estos habían comenzado a poner las manos sobre las moléculas del hombre y de sus primos simios y, basándose en ciertas comparaciones y cálculos que no voy a explicar, habían avanzado una estimación: que hombres y simios se habían separado, en el árbol de la evolución, apenas 1,3 millones de años atrás. La noticia era intolerable para los paleontólogos, que habían desenterrado fósiles humanos a una profundidad de más de tres millones de años y habían encontrado restos de homínidos en posición erguida (los australopithecus) hasta cinco o seis millones de años atrás. Desde el momento que estaba fuera de discusión que el hombre derivase de los simios, ¿cómo podían haber existido hombres y homínidos millones de años antes de la fatídica escisión de la que supuestamente debían nacer? En aquellos años todavía estaba en auge un pequeño ser asiático, el ramapiteco, que era considerado de forma bastante unánime como un homínido, situado sobre la línea que del simio llevaba al hombre. El impertinente ramapiteco había vivido quince millones de años antes de la inesperada ramificación.

Quien mira la ciencia desde fuera cree que los científicos se las ingenian para encontrar teorías que se ajusten a sus datos. A menudo sucede precisamente lo contrario —y este era un caso ejemplar—, es decir, que ellos se afanan en forzar sus datos dentro de una teoría preconcebida. Para los evolucionistas, el hombre hijo del mono es una teoría sacramental, evento símbolo del nuevo mundo abierto por la caída de Adán, figura de portada de los libros escolares. Entre los profesionales del sector nadie habría osado reafirmar abiertamente esa fatídica descendencia, pero cada uno la sobreentendía tácitamente como un compromiso moral, un imperativo categórico que no se debía volver a poner en discusión.

Se llegó así a un escandaloso compromiso. El pobre ramapiteco fue lanzado más allá del árbol de los homínidos y relegado a otro árbol del bosque. Los biólogos moleculares aceptaron anticipar la separación entre homínidos y simios a siete millones de años y los paleontólogos se comprometieron a no datar a los homínidos en una fecha anterior a estos convenidos siete millones de años. El compromiso implicaba una concesión muy peligrosa por parte de los bioquímicos. Tuvieron que conceder que el llamado «reloj molecular», que marcaba el ritmo de la acumulación de mutaciones a lo largo del tiempo, había ralentizado su latido en la línea de los homínidos.

En la Casina Pío IV no se hizo mención de los simios fósiles, los chimpancés, gorilas u orangutanes (o sus ascendientes próximos), que habrían representado justamente un papel importante en el diseño que se iba componiendo. Solo algún tiempo después entendí por qué. Los simios fósiles no existen. Se conocen hallazgos parcialmente fosilizados, pero estos datan de unos pocos centenares de miles de años. Una ausencia es siempre menos embarazosa que una presencia, pero la total ausencia en el pasado de simios (técnicamente «póngidos») era verdaderamente indecente. Nuestro antepasado bestial no aparecía entre los cuadros activos de nuestra familia.

No hay ninguna duda de que, en lugar de simios y de su Majestad el hombre, se hubiera tratado de aves o de batracios, datar al animal sin fósiles después de aquel cuyos fósiles habían emergido de las profundidades de tres o cuatro millones de años habría sido para los paleontólogos la operación más obvia. Pero se trataba precisamente de un embrollo que concernía al hombre, y la ropa sucia se lava en familia.

No quiero adentrarme en la paleontología y en la historia de los cráneos y de los huesos de los homínidos de los últimos millones de años —australopitecus, *Homo habilis*, *erectus* y *sapiens*— porque no me siento lo suficiente experto en lo que, a fin de cuentas, se llaman «los huesos de la discordia». Por lo demás, se habla muy poco de ello en el Vaticano.

Otros hechos, más interesantes y menos controvertidos, surgieron de la comparación anatómica entre las especies actuales y entre sus portafolios moleculares.

Los anatomistas distinguen, observando las características de las especies afines, los aspectos «primitivos» de los «derivados». En pocas palabras, un carácter tiene aspecto «primario-originario» cuando es cercano a las conformaciones típicas del orden, similar al de sus representantes más antiguos y, al mismo tiempo, cercano a la configuración embrionaria, que es común a todas las especies del orden. Un carácter tiene aspecto «derivado» cuando está, en cambio, transformado en relación a las referencias arquetípicas, diferenciado funcionalmente y especializado adaptativamente.

Las especies pertenecientes a una misma familia han sido cualificadas por algunos sistemáticos (recuerdo, al comienzo del siglo, a Daniele Rosa y en la segunda mitad a Eugene Balon) respecto al carácter infantil-senil. La disposición no tiene nada que ver con precedencias paleontológicas; solo tiene que ver con el desarrollo, lento en las especies juveniles, precipitado en las seniles. Una especie juvenil es más reactiva, más hermosa, más vivaz, respecto a su hermana senil, que es más dura, más astuta y más obtusa. Comparen a un caballo juvenil con un asno senil. El caballo es irascible, estatutario y fogoso; el asnillo es terco, mezquino e indolente. Se suele decir que el asno es más inteligente que el caballo. Es el signo de una modernidad que prefiere el sentido práctico a la inspiración, la indiferencia a la pasión.

El hombre es más juvenil que el simio, y la mujer lo es más que el hombre. Continuando con estas asignaciones, que se están convirtiendo en un juego, diría que la planta es más senil (rígida y fría) que el animal, salvo en las flores, en las que explota toda su juventud vana, apasionada y libre, y sobre todo en la bella rosa, su reina, que permanece siempre en capullo.

Puestas estas definiciones, el hombre ofrece un espléndido repertorio de condiciones «primarias-juveniles», mientras que sus primos sin cola exhiben en esos mismos rasgos condiciones claramente «derivadas-seniles».

El cráneo humano no tiene crestas ni arcos prominentes, no tiene el hocico desproporcionado de los simios, no tiene sus caninos salientes. Este «no tener» suyo, esta redondez señorial (aparte de la nariz), es una condición primaria. Se encuentra en los primates fósiles más antiguos y en los embriones o crías de los simios, que se bestializan al crecer, y crecen pronto. He visto en un museo zoológico de Salzburgo un panel de cráneos de gorila con el hocico prominente. Entre ellos, un pequeño cráneo gentil que parecía humano: era el de un gorilita recién nacido.

El foramen occipital está colocado abajo en el hombre y se articula sobre un cuello vertical, en posición geométrica y fetal. Así también en los fetos de simio. En el curso del desarrollo fetal, el *foramen* retrocede y el cerebro queda como encajado entre la nuca y las mandíbulas. ¡Qué regia nobleza en la columna erguida, pero no rígida de nuestra especie, en comparación con el dorso senil y encorvado de nuestros hermanos cuadrumanos!

¡Y la mano, la mano! Cuán abierta y leal es la mano humana, con su bella configuración en abanico, modelo arquitectónico originario respecto al cual todas las «manos» de los mamíferos resultan deformes y sacrificadas en su especialización. La simiesca es alargada y en forma de gancho, con el pulgar atrofiado; la del león es contraída y con garras; la del buey se reduce a dos dedos; la del caballo a una; la de los cetáceos se fragmenta en muchos huesecillos.

También nuestra gran cabeza, de la que estamos tan orgullosos, es un carácter fetal, relativamente más grande en el recién nacido y en el niño que en nosotros los pensadores, en los prosimios que en los simios antropomorfos. En resumen, la forma humana es la más original, arquetípica y primigenia entre las de todos los mamíferos; es la forma infantil, auroral y ejemplar. Diremos que es la más primordial entre las formas, si la expresión «primordial» no hubiera sido adoptada para connotar la brutalidad de los primordios gnósticos, si con «primitivo» no se entendiera tosco y salvaje.

Poneos en pie, señores, y especialmente vosotros, niños y señores, elevad la mirada, mantened unidas las piernas y extended los brazos. Vosotros sois los maniquíes de la belleza, los modelos de lo originario, las figuras ideales. Vosotros estuvisteis al principio, y en vuestro cuerpo testimoniáis la primigenia e inmutable antigüedad del ser.

Hay que saber que los embriones de los vertebrados se parecen todos en las primeras semanas; están hechos como un pequeño cruasán, con una gran cabecita entre dos ojos desorbitados y una colita puntiaguda. Al crecer se diferencian en las diversas clases (como aves, reptiles y mamíferos), órdenes (como carnívoros, cetáceos y primates) y familias (como lemúridos, póngidos y homínidos).

En una novela titulada *The Once and Future King* (*El rey de una vez y del futuro*) T.H. White nos relata una fábula, recogida por S.J. Gould. Dios creó una serie de embriones, todos iguales entre sí, y luego los hizo desfilar ante su trono. A cada uno le preguntó qué picos, garras y colmillos desearía para su forma adulta. Cada uno presentó sus peticiones hasta que llegó el turno del embrión humano. Este dijo al Señor: «*Si puedo hacer mi elección, me quedaría como estoy... Me quedaría como un embrión indefenso toda la vida*». Dios lo aprueba entusiasmado y concluye: «*Tú serás como un embrión hasta la sepultura... Eternamente niño, permanecerás omnipotencial, a Nuestra imagen y semejanza, y podrás comprender algunos de nuestros dolores y probar algunas de Nuestras alegrías...*».

Niño eterno, este es el destino del ser menos especializado, no solo en la forma del cuerpo, sino especialmente en el espíritu, que afronta desprovisto el mundo. Siempre debe aprender algo y descubrir una de las cien historias que tiene dentro de sí; siempre indeciso y siempre ante la encrucijada que puede llevarlo a la santidad o a la perdición, a la poesía o a la banalidad. Escribe Hector Bianciotti: «*Cada hombre lleva en sí hombres parciales que se ignoran; nacemos numerosos, morimos uno solo — o ninguno...*». Entre todos los seres, el hombre es el que menos sabe quien es y cuál es su destino. Embrión de todas las especies, puede convertirse en león o cordero, águila o gallina, permanecer gusano o convertirse en mariposa. Pájaro perdido que intenta aprender su canto. Ante tantas posibles elecciones, su verdadero recurso es conservar la ingenuidad inicial, dejar en sí algo inexplorado para siempre, hacer como Peter Pan, el pequeño rey de los Jardines de Kensington, «*The boy who wouldn't grow up*» (*El niño que no quería crecer*).

Para nuestra historia es interesante la circunstancia de que quien invocara a Peter Pan no fuera un embriólogo ni un anatomista, sino un biólogo molecular, Alan L. Templeton. Comparando moléculas correspondientes en especies diferentes, fue posible medir la velocidad con la que sus transcritos se habían modificado en las eras geológicas. Al principio se pensó que estas velocidades eran iguales para todos los grupos de seres vivos y se empezó a hablar de un «reloj molecular» que marcaba tantas mutaciones por tantas letras por cada lapso de tiempo. En una molécula ubicua del citocromo «c» saltaba una mutación cada veinte millones de años. Otras macromoléculas permitían registros más precisos. Todo fue bastante bien hasta que Morris Goodman comenzó a usar el reloj universal para investigar la línea humana. Precisamente en la línea humana los cálculos no cuadraban, los ritmos se ralentizaban; el reloj se había encallado y los datos moleculares chocaban con los paleontológicos. Este es el desacuerdo con el que hemos comenzado el capítulo.

Guardado en el cajón el «reloj molecular» universal, los bioquímicos renunciaron a poner en cuestión las ya de por sí dudosas dataciones de los paleontólogos. Tomándolas por buenas, ahora podían dedicarse a una ocupación menos ambiciosa: la de medir los latidos en una galería de relojes no sincronizados. El texto genético no «decae» al mismo ritmo en todas las especies, no es como el impasible carbono 14 que cronometra la edad de las rocas o de los fósiles. El «reloj molecular» está vivo.

Adoptada la datación paleontológica de las historias del hombre y del caballo, que se han iniciado juntas y transcurren en paralelo, se constataba que las moléculas del corcel habían «decaído» siete veces más rápidamente que las del caballero. Desde que la línea humana se separó de la del chimpancé, los homínidos habían registrado 13 «erratas» (en el ADN mitocondrial), frente a 34 del chimpancé. Esto significaba que, desde un punto de vista químico, el hombre era mucho menos variado respecto al antepasado común de lo que lo era el simio. En términos canónicos, esto quería decir que el hombre estaba mucho menos evolucionado que los simios africanos, y que, por tanto, el antepasado común era más bien hombre que simio, que la línea humana había permanecido, por así decirlo, niña respecto a la cuadrumana. Sobre la base de estos datos, Templeton concluyó «(El hombre) *es el Peter Pan del mundo de los Primates — el niño que se ha negado a crecer».* Un Peter Pan «molecular».

En los mismos años, los citólogos han comparado la estructura fina de los cromosomas de los hombres y los simios, y han llegado a la misma desconcertante conclusión: que los cromosomas del misterioso antepasado común eran similares a los del hombre. El hombre se revelaba bajo el microscopio como un Peter Pan «cromosómico», respecto al chimpancé y el gorila, que mostraban en su idiograma un acentuado desgaste de la vida.

La conjetura de Darwin es que el descendiente común de hombre y simios fue sustancialmente un simio, y que este hubiera permanecido más o menos como era, mientras que el hombre se había transformado profundamente, había caído. Al contrario, el hombre había permanecido inmóvil. En el punto de bifurcación estaban las moléculas y los cromosomas del ser humano. Y nada puede excluir que aquel ser fuera aún más humano que nosotros, sus nietos decaídos, y con mayor razón, más humano que sus degenerados descendientes del bosque.

Es verdaderamente sorprendente las conclusiones a las que nos han llevado los biólogos moleculares y los citólogos, es decir, los observadores de aquel corazón profundo de la célula que parecía del todo inepto para ofrecer información sobre las causas de la diferenciación y la evolución de las especies.

¿Por qué el hombre se había detenido químicamente? ¿Había alcanzado la perfección o el cansancio? ¿Quizás se habían desarrollado en el hombre mecanismos de reparación de las mutaciones? ¿O quizás sus estructuras sociales favorecían el estancamiento bioquímico? A ninguna de estas preguntas se ha dado una respuesta, pero las revelaciones moleculares fueron finalmente capaces de producir esta subversión en la representación canónica de nuestro origen, que las mucho más cualificadas investigaciones de anatomía y paleontología no habían sabido suscitar.

Sin embargo, las revoluciones moleculares tienen una cualidad negativa: no llegan al imaginario colectivo, son difíciles de explicar y de comprender, permanecen en el lenguaje esotérico de la ciencia especializada, que no solo no llega al público, sino que a menudo ni siquiera a los científicos de la habitación de al lado.

¡Gracias entonces a las moléculas! Aunque hayan añadido un misterio al arcano; gracias por haber devuelto al hombre la juventud y el alba que la teoría evolutiva le había quitado, por lo demás sin ninguna prueba, salvo el prejuicio de que lo bruto y lo tosco debían venir antes y lo gentil y lo gracioso debían ser sus descendientes progresistas. O el prejuicio absurdo de que una vez hubo vejez y de ella brotó la niñez.

De cuanto hemos ido relatando, queda claro que el hombre se distingue de los simios, y plausiblemente de todos los mamíferos, por haber estado exento de la evolución, por haber permanecido como aquel de los tiempos perdidos, náufrago intacto de las tantas tempestades que, en cambio, han obligado a sus hermanos a encorvarse, a vestir pieles y pelajes, a armarse de colmillos y garras. El hombre es un ser antiguo, de los primordios. Pero, ¿cómo distinguir lo antiguo de lo moderno? ¿Acaso los antiguos —en su tiempo— no fueron modernos? Lo moderno es hijo de la historia, se consume en sus experiencias y está ansioso de crecer, mientras que lo antiguo es hijo de algo perenne e inmemorial. Los antiguos nunca fueron modernos: en ellos habita el signo de lo absoluto, la cercanía de los arquetipos, un espíritu ingenuo, libre e infantil.

Pero nuestro intelecto, que se distingue de la bestia, ¿no es acaso moderno, singular y reciente?

El pensamiento que ilumina la mente humana es el resultado de la fatiga de centenares de miles de años que el hombre ha realizado para mantenerse fiel a su elección de independencia, a su rechazo a especializarse y aprisionarse. Este es rebelión frente a la evolución y la historia, es esperanza de resurrección y palingénesis. La tecnología profana no es más que un producto tardío de nuestra mente; bajo diversos aspectos es una forma de especialización y una elección iliberal. ¡No permita el cielo que esta haya puesto en marcha nuestro reloj molecular!

8

Solo puedo decirte lo que ya sabes

«BUENOS DÍAS» ES UNA EXPRESIÓN CORRIENTE, hecha en base a dos palabras y diez letras, que pueden medir el contenido de información. En realidad, no contienen información alguna, si no se inserta en el tejido. «Buenos días» es un vocablo extraído de un mundo vasto y complejo, sin el cual tales fonemas permanecerían como sonidos insensatos y no informativos. Ellos presuponen un alfabeto, que permite articularlos, después un vocabulario, una lengua y una sintaxis. Aquel «buenos» emerge de un mundo moral y de una convención augural, y este «días» de una temporización astronómica que contiene una visión cíclica de la realidad y mucho más. Todo esto se sobreentiende y es vagamente reactivado por ese binomio cuyo sentido depende más que de la pronunciación, de la sonrisa que lo acompaña, del leve entornar los ojos, de las apenas insinuadas inclinaciones de cabeza, que en realidad podrían prescindir del acompañamiento vocal, o ser sustituidos —el binomio y la gestualidad— por el gesto de quitarse el sombrero, hay que quitarse el sombrero.

En otras palabras, quiero decir que las expresiones no significan nada si no se insertan en un contexto, y que expresan más bien ese contexto que a sí mismas. «Buenos días»: soy italiano, te conozco, soy tolemaico, soy augural, me he percatado de tu presencia, no te he quitado la palabra, corto y cierro. «¿Quién habla?». Respondería Mallarmé: «*La propia palabra*».

Si transferimos nuestro razonamiento a la llamada información genética, son válidas las mismas consideraciones. Este extracto de gen (más exactamente de ARNm) «significa» trp, arg, ser, es decir, tres aminoácidos en el curso de una proteína. Pero entre las tres tripletas (UGG, CGU y UCG) y los tres aminoácidos no hay ninguna relación química. Para el trp, UGG no representa absolutamente nada. Para ponerlos en relación se necesita una molécula extraña en forma de trébol (ARNt) y un activador proteico, encargados de esa insensata tarea desde el alba de la vida y obligados a ella por la imposibilidad de sustraerse sin hacer caer todo el corpus de la jurisprudencia genética. Estas correspondencias son 64 (cada una con su trébol y su activador) y en conjunto constituyen lo que se llama el «código genético». Desde el punto de vista químico, el código es completamente arbitrario, casual y convencional, más o menos como el código que combina los símbolos del alfabeto Morse y las letras. Nadie que no sea radiotelegrafista podría adivinar que — significa «g», como nadie podría anticipar que UGG significa «trp».

La arbitrariedad del código genético da a toda la vida un carácter general de misterio e indeterminación. La vida molecular no es una construcción de algún modo previsible, no es una máquina con ruedas y engranajes, sino un sistema de convenciones elusivas, estipuladas entre contratantes que solo desde ese momento han empezado a significar algo el uno para el otro. Mostrar la tabla del código genético como para demostrar los encajes desvelados de la vida es un equívoco, porque la vida se ha impuesto a sí misma sus propios vínculos, sin dar razón de ellos y sin tenerlos.

«Convenciones naturales», es decir, reglas no dictadas por la oportunidad, se encuentran en todos los niveles de la vida. Como en el código genético y en la conversación humana, estas reglas son libres de nacer y obligar una vez convenidas. Establecen contraseñas de identidad y signos de reconocimiento. Entre moléculas, entre células, entre individuos de una especie o entre diferentes especies.

Marcelo Barbieri propone que cada paso evolutivo corresponda a la instauración de un nuevo código, es decir, de una nueva «convención biológica». El código da origen a la vida, al acuerdo entre las células a los organismos multicelulares, el código morfogenético a las formas animales, el lingüístico a la cultura. Ciertamente existen lenguajes también entre las formas incultas: lenguajes de cantos, de colores, de perfumes, de contactos, mensajes para nosotros a menudo imperceptibles, turbados por el clamor de nuestras disputas y de nuestras maquinarias.

Una población de mariposas migra, revolotea, se asocia, se dispersa, realiza danzas y cortejos. Debe poseer un sistema de reconocimiento de la identidad de grupo. Una mariposa no sabe quién es, pero sabe a qué grupo pertenece. Supongamos que tenga alas marrones con manchas negras. Ella reconoce como compañeras a todas las mariposas con el mismo uniforme. Ese moteado puede no tener ninguna finalidad mimética, no servir para asustar a los depredadores ni para absorber el calor solar. Puede no servir absolutamente para nada, salvo para el reconocimiento de la pertenencia. Si las alas de la especie fueran de color y dibujo diferentes, eso no haría ningún daño para ningún fin práctico. Además, las mariposas se reconocerían igualmente, tal como hacen las mariposas de otro color. Es el caso de las camisetas de un equipo deportivo. No tiene ninguna importancia que sea esta o aquella, pero, una vez que los equipos han salido al campo con esas camisetas, ningún jugador puede cambiar de color, con el riesgo de ser inmediatamente expulsado. No porque la nueva camiseta esté menos adaptada al juego, sino porque viola las reglas de lo que los biólogos llamarían «reconocimiento de la identidad de grupo». No busquéis detrás de cada signo viviente una utilidad; puede ser solo un pacto, una costumbre. Según Nietzsche, el origen de una moral no tiene nada de moral. El origen de una respetada costumbre viviente no tiene nada de respetable ni de consuetudinario.

El insecto que entra en esa copa de flor roja y dulcemente perfumada y sorbe su néctar, empolvándose de polen, y después vuelve a la luz en busca de otra copa igual, no puede tener ninguna razón práctica para esa elección. Otra forma, color y perfume podrían igualmente servir para su sustento, pero él ha adoptado esos desde tiempos inmemoriales, y esos son su mundo y no conoce otro. Con sus ojos facetados y sus antenas olfativas, el pequeño habitante percibe un mundo completamente distinto del que nosotros le atribuimos; tal vez un gran universo azul, un olor a incienso, una sonoridad que nosotros no percibimos y que se entona con el zumbido festivo de las alas. Ese universo no existe sino en la cognición del insecto, que al habitarlo ha «generado un mundo», como dice Humberto Maturana, un mundo en el que solo vive él. Los espacios y los escenarios de este mundo son «convencionales» porque no se ven forzados por una elección necesaria, pero no son el resultado de un pacto entre un contexto y un intruso, porque ese universo no se integrara en él. Ahora ya no puede abandonarlo sin perderse a sí mismo, porque así como él ha generado su paisaje, el paisaje lo ha generado a él. «La mente y el mundo surgen juntos», escribe Francisco Varela.

La identidad de una especie colocada en su ambiente requiere de un acuerdo entre el ser y su hábitat, pero ¿cómo puede generarse un acuerdo entre un ser sin identidad y un ambiente deshabitado? El acuerdo debe preexistir a los contratantes, y es él quien crea a los actores, la escena, el entendimiento. «*La obediencia precede a la ley*», —escribe H. Bianciotti— «*en cierto sentido la crea*».

Las efímeras se asemejan a minúsculas libélulas que vuelan en enjambres por millones sobre los cursos de agua. Los adultos tienen grandes ojos y no tienen boca, alas transparentes y abdomen fino que termina en largos cercos. Como escribió Linneo: disfruta de una alegría brevísima y a menudo en un mismo día celebran bodas, parto y exequias. Las larvas habitan las aguas, donde nadan, se arrastran o se anclan al fondo.

Apenas levantan por primera vez el vuelo, los adultos recién nacidos se aparean sin besarse y las hembras suben contra la corriente en grandes enjambres para depositar los huevos en las aguas altas del torrente. Las larvas salidas de los huevos se dejan llevar por la corriente y se afanan en buscar el ambiente fangoso en su competencia: la zona central y torrencial, la zona estancada litoral o una zona intermedia. Cada especie se instala en su lugar, como en un tablero de ajedrez, guiada por el instinto de especie, por una conciencia de identidad colectiva, y en su lugar practica su estilo-de-vida o *sumiwake.* No hay competencia por el territorio, no hay reproducción diferencial. Kinji Imanishi habla de una proto-identidad, es decir, de una percepción innata de identidad que impulsa a los miembros de cada especie a reconocerse, a navegar hacia el fondeadero destinado y a afrontar allí la existencia fugaz y el *sumiwake.* A. Sibatani ha comparado la ubicación de las efímeras con el desplazamiento de las células embrionarias hacia los distintos tejidos que componen el organismo.

La paleontología nos enseña que las plantas con flores y los insectos polinizadores nacieron juntos. Pero la paleontología solo conoce fósiles, huellas o inclusiones en gotas de ámbar. No sabe de los mundos encantados que el tiempo ha disuelto, ni podía saberlo el análisis de trazas de ADN.

Todo ser lleva consigo la capacidad de generar un mundo, y lleva el mundo que ha generado. Esto que nosotros llamamos «información» no es más que un gesto, o un complejo de gestos para evocar este mundo. Diferentes gestos pueden hacer salir el mismo mundo, y gestos iguales mundos diferentes, porque el mundo tiene una autonomía sustancial de los signos. *Bull, taureau, stier, toro, tjur, oks...* todos reclaman el mismo título del mismo animal. Inútilmente enloqueceremos descifrando signos (palabras o ADN) para descubrir la sustancia o las relaciones entre las cosas. Al final de nuestra decodificación no habremos obtenido más que una dudosa reconstrucción de la historia de los signos. Entre el texto escrito en el ADN y la forma viviente hay prácticamente la misma relación que entre las palabras de un libro y la realidad. El libro es legible sólo porque el mundo del que habla ya está predispuesto y está allí para reaccionar frente a algún estímulo gráfico que lo desvíe por uno u otro cauce que desde siempre dibujan su paisaje. Todas las cosas ya han sido dichas y descritas, y el sentido de un libro consiste en reavivar recuerdos adormecidos. El libro te dice solo lo que ya sabes. «*Antes de todo pensamiento humano* —ha escrito Jacques Lacan— *habría ya un saber, un sistema que nosotros redescubrimos*». Los pensamientos más sublimes que hemos aprendido, la palabra de Cristo, no fueron improvisaciones de un hombre genial, fueron Revelación de una sabiduría eterna. Cristo afirma que Sus palabras no son Sus palabras, sino Verbo del Padre Eterno, por tanto innato en el tiempo, dormido en cada uno de nosotros. «*Mi doctrina no es mía, sino de Aquel que me ha enviado*» (Jn 7,16).

Cuando la abuela contaba el cuento de la chimenea, este no estaba hecho de frases, sino de algunas palabras, del sonido cantarín de la voz, de la oscuridad de la habitación, de las llamas, de las «monjitas» en la chimenea, del negro de su vestido, del viento fuera de la ventana, del tic-tac del reloj de péndulo, y casi todo habría permanecido como era si las palabras se hubiesen perdido más allá del umbral del sueño de los niños. Estos esperan el cuento ya narrado, el más bello y el más nuevo, el de ayer.

Se nos ha enseñado que el cielo nocturno y sin luna no puede expresar nada, porque las estrellas fijas están allí por casualidad y ha sido el hombre quien lo ha subdividido arbitrariamente en constelaciones, para hacerse referencias o confiarles sus leyendas. Historias de héroes que antes del tiempo de los mitos no existían, que nadie, por tanto, podía leer en aquellas lejanías sobrenaturales. Tal vez lo sabido en la tierra se ha ido a instalar allá arriba, y el cielo nos devuelve un mensaje secundario y adquirido. Ciertamente esto ha ocurrido: me pasó a mí cuando alguien, o un mapa, me enseñó a reconocer figuras entre las estrellas. Pero ¿y si en cambio yo ya conociera esas estrellas y las hubiera repatriado o evocado? Una suposición similar parece del todo inútil e inverificable. ¿Podría un niño ciego de cielo imaginarlo y esperarlo?

El experimento se realizó con las currucas. Estos sílvidos diurnos se vuelven nocturnos en la época de la migración. En el momento de la partida otoñal son presa de agitación: deben partir e ir, ir en dirección SSO. Algunos individuos fueron criados en aislamiento desde el nacimiento. Cuando llegó septiembre-octubre se les descubrió por primera vez el cielo. Allá arriba brillaban las estrellas de Casiopea, de la Lira (con Vega) y del Cisne (con Deneb). Las currucas fueron presa de la agitación y se dirigieron sin vacilación hacia SSO. Si se oscurecían las estrellas, las currucas se calmaban y ya no urgían hacia la dirección característica de su especie. El experimento se repitió en primavera, con las estrellas de la nueva estación, y las currucas partieron en el vuelo opuesto, ¡hacia NNO! ¿Conocían entonces los cielos que nadie les había enseñado? «¡Un animal con la imagen innata del firmamento!», comenta Portmann.

La hipótesis resistió todas las verificaciones. Colocadas en un planetario, bajo un cielo artificial, las currucas repetían sus proezas astronómicas. Otra especie de sílvidos, las currucas zarceras, en las mismas condiciones «partían» hacia SE, su dirección específica. Al sur del Mediterráneo las currucas zarceras abandonan la ruta SE y se dirigen decididamente hacia el sur. Si en la bóveda del planetario se hace aparecer el cielo que se ve desde la costa de África (15° – 10°), las currucas zarceras viran decididas hacia el sur.

En la bóveda del cielo nocturno los pequeños sílvidos encuentran la guía de lo innato, aprenden lo que ya saben. Quién sabe cuánto de lo que creemos aprender ya está en nosotros y nos espera desde lejanas proyecciones. Pero nosotros, los modernos, preferimos la solución más vil: que todo lo que poseemos haya sido adquirido o aprendido ayer por la mañana. Pero cuando identifiqué por primera vez la Osa Mayor, ¿no la reconocí acaso un instante antes del tiempo?

Un biólogo japonés, teórico de la evolución por duplicación genética, Susumo Ohno, ha compuesto, junto a su mujer pianista, piezas musicales basadas en el texto de algunos genes que se prestaban a ello. Él comenzó por crear un código, arbitrario, que convirtiera los nucleótidos en notas, ha introducido entre estas los volúmenes y las pausas, ha superpuesto al todo un acompañamiento fantasioso y, es necesario admitirlo, que con una buena intérprete, resultaban fragmentos graciosos. El ADN de los genes desempeñaba en estas composiciones un papel que es una feliz metáfora de lo que hace en las células. Para expresarse precisaba, ante todo, de un código para la descodificación. De ahí derivaban sonidos que, apenas un poco adaptados y enriquecidos, se expresaban en un mundo musical completamente ajeno a las moléculas de partida. Ohno llamó a estas exhibiciones «música del ADN», pero está claro que todo el mundo musical con sus instrumentos, sus intérpretes y sus notas, debían existir antes, y el ADN proponía algunos vínculos que seleccionaban en el mundo de la música algunas sonoridades aceptables como melodías. No es el piano o el violín los que fueron inventados para ejecutar la música, es la música la que se ha adaptado a lo posible expresivo de los instrumentos, o, por decirlo mejor, música e instrumento nacieron juntos. El ADN no es un contenedor de información del que nace necesariamente y de manera automática la música. Del mismo modo que no es el contenedor primario de la información genética.

Ohno ha logrado cumplir la operación inversa. Partiendo de un nocturno de Chopin, ha ejecutado con su código la traducción nucleótida. Con esta ha conseguido encontrar, y quien sabe cuantos genes examinó, un segmento génico que, transcrito en notas, producía una melodía muy similar al nocturno de partida. Quien sabe si los genes no se ensamblaron para reconstruir las melodías que el mundo ya entonaba. Innata, o de siempre, es la música, y los músicos han aprendido a ejecutarla y, por último, a transcribirla.

El comportamiento de un gen en los tripanosomas nos ilustra un caso en el que la célula, es decir, el mundo, suple la inadecuación de la información contenida en el ADN. La enzima formada por el gen (Cox) es igual en tres especies, pero el gen está variadamente incompleto y truncado. En el gen del tripanosoma de la tarántula faltan 29 letras (uridinas), en el del tripanosoma fasciculado faltan 32, mientras que el del tripanosoma brucei está reducido a un trozo que ha perdido el 60% de las letras. Las células de las tres especies reparan el maltrecho mensaje (en ARN) llevándolo a la condición normal, añadiendo las letras perdidas (y quitando alguna en exceso) de modo que al final se forme la enzima normal y activa. E. Rubin, de Berkeley, eliminó el ADN del ratón dos amplias regiones (0,8 y 1,6 millones de bases) que contenían alrededor de mil secuencias altamente conservadas, y sin embargo los animales permanecieron indistinguibles de ratones normales (*New Scientist*, 5 de junio de 2004). Por tanto, la célula conoce el mensaje correcto y lo rectifica sobre la marcha si le llega equivocado. Estas observaciones califican la información genética no como el carril por donde nacen los niños, sino como una oficina del registro donde el ciudadano verifica sus datos y puede integrarlos si se han perdido.

Si mi vecino, al que me cruzo adormilado de buena mañana, me murmura «...días», no me es difícil completar el mensaje entrecortado, puesto que la hora matutina y el encuentro ya lo contienen.

Este capítulo pretende una apostilla. Si «*solo puedo decirte lo que ya sabes...*», ¿qué motivo hay para que yo te lo diga? ¿Qué añade lo que he escrito a la información del lector? Muchas cosas que sabes, que sé yo, permanecen en un limbo del olvido o de la indiferencia, donde no estamos acostumbrados a frecuentarlas. El discurso evoca una zona latente del pensamiento, un espacio donde se puede intentar habitar, donde uno puede reencontrarse, aunque solo sea por un breve recorrido: evoca un estribillo que quién sabe en qué circunstancias puedes encontrarte repitiendo, componiéndolo con otras estrofas. Todos nuestros discursos son reencarnación de pensamientos perdidos.

9

Formas predispuestas de vida

La elegante concha en espiral, la amarilla corona radial de pétalos de la margarita y la finísima tela de la araña dibujan figuras geométricas que parecen la solución de figuras algebraicas desarrolladas en el espacio. Y en realidad lo son.

¿Quién no se ha quedado embelesado admirando las iridiscentes y efímeras burbujas de jabón, sus racimos temblorosos, su silencioso regreso a gotas de agua? Allí la vida no está, pero las burbujas imitan a las células y los tejidos, con sus redondeces superficiales y paredes de contacto. También las burbujas son expresiones de fórmulas, de leyes, desarrolladas en el agua jabonosa. ¿Quién no ha quedado cautivado por los dibujos de los cristales de la nieve? Graciosas estrellitas de seis puntas, todas hexagonales, pero todas diferentes entre sí. Yo me he sentido especialmente fascinado por el minúsculo chorro que provoca una gota de leche al caer sobre la superficie de la leche. Este chorro, que vi por primera vez en una vieja foto en *Crecimiento y Forma* de Thompson, tiene la forma de una coronita de conde, con un reborde adornado por una veintena de gotitas sésiles. Guardo una copia en mi escritorio y a veces la llevo a mis conferencias como única ilustración. Es mi modesta corona heráldica quesera.

¿Por qué me apasiona ese pequeño chorro, que no es más que un instante del ciclo de perturbaciones causadas por el impacto de una gotita sobre una superficie líquida? En primer lugar porque la gota no es la verdadera «causa» de la forma emergente. Puede ser sustituida por una perlita o por lo que sea, y es demasiado simple respecto a la elegante escultura que moldea. En esa forma, que recuerda a una anémona marina, no hay ADN, no hay genes, no hay nada que contenga una instrucción memorizada. Mi coronita nace del impacto, sin pruebas, intentos ni selecciones naturales. Y luego, y quizás sobre todo, me emociona el hecho de que esa coronita no conozca el tiempo, salvo el brevísimo instante de su metamorfosis. Es igual desde la primera vez que se formó, igual desde que, en ausencia de leche, se formaba en las resinas goteantes o en el barro.

También el borde de una ola cercana a romperse parece animado por un frenesí de generar formas. Se vuelve sinuoso e inestable y prorrumpe en una serie de pequeños chorros que se rompen en una fantasmagoría de gotitas para generar una niebla. Luego todo vuelve a ser liso y otra ola sobreviene para repetir la alegre turbulencia. Los poderosos oleajes que se forman en los bajíos cuando sopla viento de mar se persiguen y se superponen, unas veces parecen detenerse, otras retoman su furia. En su estructura general son todos iguales entre sí, en esta o en otra marejada, desde que existe el mar. ¿Por qué tienen todos la misma forma? No están emparentados, no se comunican entre ellos, no razonan, enloquecen. Son iguales y hermanos porque obedecen a una misma ley, llevada por el viento, que está más loco que ellos. En otro lugar el mismo viento produce vórtices y trombas, o bien olas que huyen sobre los campos de trigo, olas que no se alcanzan ni se rompen.

Formas semejantes a burbujas o a bordes de ola se encuentran entre los seres vivos. Las células parecen burbujas o racimos de burbujas. Las celdillas de las abejas también parecen esferas adosadas y empujadas unas contra otras hasta formar hexágonos. La estructura onduloide, que es la de una copa con el borde ondulado, es frecuente en muchos protozoos. Las *Vorticelas* son protozoos sésiles, es decir, suspendidos en un pedúnculo, que se abren en forma de copa hacia arriba y desarrollan onduloides en cuyo borde se forma un anillo de cilios.

Si los bordes onduloides de las vorticelas, de las olas y de los chorros obedecen a las mismas leyes físicas, no tiene tanta importancia para nuestro tema. A D'Arcy Thompson se le objeta que confundía la tensión de membrana con la tensión superficial. Lo que queremos poner de relieve es que estructuras elaboradas, expresadas por organismos vivos, son arabescos ajenos a la complejidad biológica del organismo. Una vorticela contiene aproximadamente la misma cantidad de genes y de ADN que una mariposa o un gato. Estos sirven para construir la materia de la célula y para reproducirla, pero la forma es poco más que una burbuja abierta que ha acogido el plasma vital.

Podría haberse hecho sola. Es como una copa de vino, que no está hecha por el vino. Las formas más simples de la vida y el protoplasma viviente son ajenos entre sí.

Los caparazones de los radiolarios, protozoos marinos con esqueleto silíceo, exhiben formas muy variadas que permiten clasificarlos en un centenar de especies, algunas de las cuales no han cambiado en absoluto desde la era cámbrica, es decir, desde hace unos quinientos millones de años. Los esqueletos de los radiolarios son minúsculas cajitas de las que emergen, en sus aristas, penachos de los que es realmente difícil imaginar un uso. Algunos tienen forma rigurosamente poliédrica y reproducen la geometría de los sólidos platónicos: el tetraedro, el octaedro, el icosaedro y el dodecaedro (el cubo, o hexaedro, se encuentra en el esqueleto de las esponjas). Sus caras tienen formas de polígonos regulares, aunque algo curvados, y en las aristas se implantan rígidas espículas verticiladas. Es interesante que estas formas sólidas no aparezcan en los cristales (que son menos regulares) y sean, por tanto, expresiones vivientes. Formas depositadas en una preciosa geometría que encierran células capaces de transmitir intactos sus cofres a los herederos durante millones y millones de generaciones. Otros esqueletos de radiolarios son jaulitas en forma de sombreros, coronas, masas de pesca, lámparas. Precisamente, en el nivel más microscópico y más arcaico de la vida animal nos encontramos ante un exceso de vanidosas preciosidades y elegancias refinadas. La vida exhibe su fantasía morfogenética cuando nada la exige y nadie es capaz de apreciarla, y la conserva durante medio millón de años, en depósitos marinos dormidos que cubren las inmensas extensiones entre los trópicos.

Los cristales o «flores» de nieve son, en muchos aspectos, semejantes a los radiolarios. Se presentan bajo el microscopio como estrellitas de seis puntas, con configuraciones muy variadas y graciosas alrededor de la regla del seis. He aquí seis alabardas soldadas en la base, o hexágonos con diagonales en relieve, o flores de seis pétalos, o seis barritas que sobresalen de un hexágono central. Difieren de los esqueletos de los radiolarios porque tienen variantes infinitas que no permiten clasificaciones, porque no se reproducen, porque no viven. Los radiolarios son vidrieros más refinados y saben confeccionar lámparas dignas de Murano y coronas para emperadores chinos. Se podría decir que los radiolarios han añadido al laboratorio de los cristales la construcción en serie con un poco de fantasía. Pero el hecho más relevante sigue siendo este: la naturaleza mineral era maestra de formas antes de que el mundo conociera la vida.

También las formas cristalinas minerales nacen de «semillas» o «núcleos de cristalización». Este es su arte, construir, a partir de minúsculos «gérmenes», espléndidas vidrieras. Un cristal puede desmenuzarse en semillas alrededor de las cuales se componen nuevos cristales, a partir de la sustancia en solución. A veces pueden actuar como «gérmenes» núcleos de sustancias diferentes de la que se cristaliza; el alcohol puede «nuclear» cristales de hielo. Los químicos suelen volverse locos ante soluciones de sustancias que no quieren cristalizarse. Apenas se forma el primer cristal, he aquí que estalla la fantasmagoría cristalina. Parece que algunas personas tienen el don especial de promover la cristalización. Un tal Mr. W.H. Perkins era famoso por esto y se sospechó de que su habilidad se debía a su espesa barba, tal vez receptáculo de invisibles gérmenes cristalinos.

Se conocen casos en los que los núcleos de cristalización son productos orgánicos. Bacterias de los géneros *Pseudomonas, Enimia* y *Xanthomonas* producen proteínas que se repliegan para formar una simetría hexagonal similar a la de los núcleos de los cristales del hielo. La presencia de estas proteínas sobre las hojas promueve la formación de la escarcha. El «gen de la escarcha» ha sido aislado y modificado, para que no formase más las proteínas hexagonales y reintroducido en la bacteria. Las bacterias alteradas, dispersas sobre las hojas, han frenado la formación de escarcha. Pero también las nubes allá arriba han dejado de llover. Los cristales de escarcha o de nieve son asimilables a las conchas de hielo que coronan estructuras vivientes.

La célula de un protozoo de agua dulce, la *Stephanoeca diplocostata*, es capaz de formar cerca de doscientos bastoncillos curvados de sílice hidratado, El animalillo unicelular los fagocita después en su cuerpo y rápidamente los teje componiendo un minúsculo cesto de sílice en forma de nasa. Los libera después en el agua usándolo para capturar las bacterias de las que se alimenta. Para cristalizar el sílice, el protozoo segrega núcleos de cristalización proteicos apropiados, lipídicos o azucarados. Microscópico cestero, obrero en el umbral entre la vida y la fábrica mineral de los cristales.

Preciosos edificios matemáticos de otra factura son puestos en acción por un grupo de antiquísimos protozoos, los Foraminíferos. Estos pequeñísimos seres microscópicos nos forman graciosas conchas calcáreas con cámaras, de cuyos orificios emergen pseudópodos (de ahí su nombre). El crecimiento parte de una camarita casi esférica en la *Globigerina*. Junto a esta, el protozoo construye otra camarita, más grande, a la que se extiende. A continuación formará una tercera, una cuarta camarita, y así sucesivamente, cada una más grande y en la misma posición respecto a la anterior.

Poco a poco se compone una exquisita concha en volutas en la que la camarita interna, más pequeña, es la más antigua. La forma de la concha corresponde a la de una espiral equiangular (o logarítmica), es decir, a un cono que crece desde la base ensanchándose y envolviéndose sobre sí mismo.

Maestros en la construcción de conchas espirales son los moluscos gasterópodos con sus conchas. Una curva cerrada se resuelve alrededor de un eje fijo, permaneciendo siempre geométricamente semejante a sí misma (autosemejante) y aumentando de dimensiones en progresión geométrica: ha trazado en el espacio una espiral equiangular. Con estas lentas y sapientes volutas matemáticas, el caracol genera su concha en espiral y la arrastra para deleite del mar, de la tierra y de los malacólogos. La concha del Nautilus, un cefalópodo del Cámbrico, está subdividida en cámaras, como la de la minúscula *Globigerina*, siendo la última, la más grande, la habitada por el animal. Esta concha es la gloria de la matemática viviente, dibujada con una regularidad y precisión admirables, presente en los yacimientos fósiles más antiguos y aún trazando sus curvas después de medio millón de años, en la última especie restante como fósil viviente.

Las estructuras geométricas entre las que nos hemos movido en realidad no son sustancias vivientes: son producciones minerales generadas por las células animales. Ellas no crecen; son segregadas y depositadas como escudos o corazas, escalas o edificios, que el cuerpo viviente genera y habita. También los cuernos en espiral de los íbices y de muchos rumiantes son producciones externas y no vivas.

Cuerpos vivientes, graciosamente geométricos, se encuentran entre los seres inferiores. Formas blandas y pulsantes exhiben su gracia y su simetría suspendidas en las aguas o fijadas en los fondos marinos y lacustres. Las coloridas anémonas expanden sus tentáculos como vagos surtidores embalsamados, los pólipos parecen chorros encantados y algunas medusas recuerdan redondos vórtices, campanas pulsantes que, «sonando», liberan en el agua pequeños vórtices. Los corales producen toscos esqueletos ramificados que forman escollos silenciosos, desde cuya masa roja minúscula de pronto brotan pólipos como delicadas florecillas blancas. Las estrellas de mar y los erizos, hermanos en el número cinco, adornan los fondos marinos o los bancos de algas con sus símbolos astrales o sus precisos alfileteros.

Joya encerrada entre las valvas de un mejillón, «sarcófago de un gusano», o de un grano de arena, iridiscente princesa submarina desvelada a través la rendija de una puerta, es la perla redonda, que dejamos rodar por última vez, como símbolo y sello de la vaga belleza sin propósito y sin tiempo del cosmos animal.

Todo el reino vegetal, también en sus formas más elevadas, es un canto a la geometría. De los anillos concéntricos de los troncos, a la forma regular de las hojas, a las espirales de la filotaxia o de la inflorescencia del girasol, la suntuosa simetría triangular o pentagonal de las copas florales, todo puede expresarse como desarrollo de simples fórmulas algebraicas.

La hoja de la violeta tiene un perfil reniforme que puede representarse por la expresión $r = sin\ \vartheta/2$. Una curva de Grandi, basada en la ecuación $r = sin\ 5\ \vartheta/3$, ilustra los cinco pétalos de una flor simple y una sinusoide compuesta del tipo $r = sin(\vartheta/2) - sin\ n\vartheta$ dibuja el perfil de una hoja de castaño de Indias. D'Arcy Thompson repite el aforismo de Galileo («*antiguo como Platón, como Pitágoras y tal vez como la antigua sabiduría egipcia*») de que «*el libro de la naturaleza está escrito con los caracteres de la geometría*».

Aquí se propone la pregunta hacia la cual ha apuntado todo el capítulo. ¿Dónde se encuentran estos caracteres y esas fórmulas? ¿Están en el ADN, o en los ángulos diedros de los cristales, o en las tensas superficies de los líquidos? Una respuesta es que no se encuentran en ninguna de estas partes, ni en ningún otro lugar, sino que son abstracciones de matemáticos que las purifican de la confusión de la realidad, si es que no las inventan de sana planta en su fantasía. Esta no era la idea de Galileo, ni la de D'Arcy, que atribuyen a estos «caracteres y fórmulas» una capacidad generativa, una acción eficaz en el mundo, son quizás modalidades inherentes al espacio, que, pese a todo, actúan en el mundo, en los puntos en que son invocadas. Son irrealidades que imponen sus reglas a la realidad. Yo solo añado que esas mismas leyes o formas se encuentran también en nuestra mente, y que eso nos concede reconocerlas en las cosas y comprender algún rincón de la realidad. Llegaría a afirmar que esas leyes y formas son la mente del universo. Como reza el título de un próximo capítulo: «no hay cuerpo sin mente».

En otras palabras, que recuerdan un debate de los siglos XVI-XVII sobre la generación, el aire podría contener, como un rayo de sol su polvillo, los «gérmenes» de todas las cosas (teoría de la diseminación), revoloteando y en espera de posarse en los lugares oportunos, para formar embrioncitos, o —más bien— flores, burbujas, chorros, cristales y perlas.

El dato central que emerge de cuanto se ha dicho es que en todo este aparecer de formas no participa el «azar», salvo quizás para establecer dónde van a caer y exhibirse. Las formas de las que hemos hablado nacen de golpe, al primer intento, y por tanto no conocen ninguna «selección acumulativa».

Lo que más fascina en esta historia es la ecumenicidad de las formas y su indiferencia a la variación de escala. La misma forma en espiral se observa en una galaxia, en un pequeño remolino y en la hélice de una molécula proteica, la última miles de millones de veces más pequeña que la anterior, pero hermanas matemáticas.

Los tres reinos de Aristóteles, el mineral, el vegetal y el animal, exhiben formas similares, que Antonio Lima-de-Faria (un citólogo portugués residente en Suecia) considera «homólogas» y representa en gran cantidad en su *Evolution without Selection* (1988). Las escamas del oro y del bismuto nativo tienen estructura con costa central y venas laterales en ángulo agudo, exactamente como las hojas o como la página inferior de las alas de la mariposa *Kallima* (insecto-hoja). La estructura dendrítica (en árbol) aparece en el cobre nativo, en las moléculas de ARN nacientes del ADN, en el cuerpo ramificado del alga *Fucus*, en la colonia del hidroide *Aglaophenia*, en las plumas de ave. El vapor de agua congelado desarrolla volutas semejantes a las de las yemas de los helechos, de las hojas de acanto y de los tentáculos de una flor marina (crinoideo).

Los cristales de sulfato de calcio (anhidro) parecen flores, las colonias de un rotífero marino, el cuerpo nadador de la ascidia *Octacnemus* (cordado), y las flores. Los cristales de clorita, las conchas de los moluscos y el cuerno del carnero son elegantes espirales que no tienen nada que aprender las unas de las otras.

Lima-de-Faria deduce de ello que el universo es una gran cristalería y que las formas son el resultado de las capacidades organizativas de los cristales y semi-cristales. La vida no es necesaria para la forma, ni la forma para la vida. El ADN, los genes y los cromosomas han venido después, cuando todos los modelos morfológicos estaban presentes sobre la Tierra. Ellos solo han establecido qué variantes de la forma fijar y repetir, y como mucho introdujeron en los diseños minerales sus productos biológicos para retocar y estabilizar las figuras. La forma basilar de las conchas de los moluscos es tarea del carbonato de calcio. El animal intercala sus moléculas de queratina para hacer de la concha una larga espiral o un pequeño globo.

Las formas tienen, en sustancia, una gran autonomía que reside en sus núcleos generativos, y la vida ocupa y perpetúa las formas que el mundo mineral ya había propuesto. Se parece a un pequeño cangrejo, el ermitaño, que vive en una concha preexistente y la arrastra consigo, con una anémona de mar encima.

10

Las grandes diferencias no están en los genes

LA GLAUCÓPIDE ATENEA, Atenea de ojos azules, tenía una mutación en los genes por el pigmento irideo y difería de los divinos y de los mortales de ojos oscuros, como París, por una sustitución nucleótida en el ADN. En cambio, su divinidad no tenía nada que ver con el ADN. Son las pequeñas diferencias de aspecto o de función las que regularmente tienen una correspondencia en una variación en el ADN (o génica).

Ese mechón blanco que algunos señores tienen entre el cabello en el centro de la frente es una simple cuestión de ADN.

Muchas características fisionómicas, como la altura, la nariz larga o respingona, colorido, pecas o vista, están modulados por los genes individuales.

Otros, más vagos, por un conjunto concertado de genes. La mayor parte de las modificaciones genéticas identificadas se refieren a enfermedades y deficiencias más o menos graves. Algunas, como el cabello rubio o los ojos de Atenea, pueden añadir gracia; la mayoría producen desgracias innatas, un triste cortejo de trastornos y malformaciones, una corte de los milagros. La extensa relación alfabética de las mutaciones del ratón comienza con *agitación*, *alopecia*, *anemia*, (bloqueo), *audogénico*, *ataxia*... y termina con *ondulante*, *vibrante*, *volteante*, *vals*.

Todas estas, y otros centenares de alteraciones, tienen su base en el ADN, son desventuras genéticas, que se perpetúan solo porque el biólogo se encarga de proteger y conservar los sufrimientos con fines de investigación. Un objetivo de la investigación sobre las mutaciones era la esperanza de que su acumulación produciría nuevas especies. Pero eso nunca ha ocurrido, porque no es este el tipo de innovaciones que sirven para construir algo. Las especies afines presentan el mismo cuadro de mutaciones, que es más bien un signo de afinidad que una fuente de diversidad.

¿Si no son las mutaciones qué es lo que produce entonces las grandes diferencias que distinguen a las especies entre ellas, cada una de las cuales parece encerrada en su universo, del que ninguna acumulación de sobresaltos podrá jamás sacarla?

La pregunta ya está planteada de forma poco afortunada, porque supone un mecanismo por el cual una especie da lugar a otra por ligeros desplazamientos. Por lo que los fósiles pueden decirnos, las especies o grupos afines no descienden uno del otro, sino que aparecen juntos, a través de una misteriosa explosión o irradiación, a partir de alguna forma que ha mantenido una ancestral plasticidad o ha regresado a ella. Estas especies hermanas, o estos grupos, afines contienen un ADN sustancialmente igual, que varía, en cualquier caso, después de que las especies se hayan separado.

Los ejemplos de formas muy diferentes dotadas de un mismo ADN son tan conspicuos y numerosos que nos asombra que hayan recibido tan poca consideración. Un símbolo de la diversidad emergente de la identidad genética podemos ofrecerlo a través de la oruga y la mariposa. No existe nada que los asemeje: el primero es torpe, se arrastra, por lo general pobre en colores, con un aparato bucal masticador, un cuerpo monótonamente segmentado y muchas patitas. Lo que llamamos «metamorfosis» no es en realidad una modificación de la forma. Alcanzado el estadio de pupa o crisálida, la oruga empieza a vaciarse, sus órganos se disuelven, su envoltorio cede. Permanecen vitales sólo algunos grupos de células, los llamados «discos imaginales». De estos discos se desarrollarán todas las estructuras del adulto (imagen): antenas, estiletes, probóscide, ojos, patitas articuladas, alas y esa ligereza voladora que ha hecho que se le llame la mariposa «psique».

Oruga y mariposa son formas muy diferentes, la una no deriva de la otra, sino que ambas nacen de una célula embrionaria, totipotentes, algunas de las cuales la oruga conserva en su cuerpo para que la destruyan y reconstruyan otra. El proceso de sustitución de la oruga por la mariposa es promovido por algunas hormonas (hormona adenotropa y ecdisona) y reprimido por otra (neotenina). Pero estas son lo más simple e inespecífico que se pueda imaginar, y ciertamente no son ellas las que componen el maravilloso diseño de la mariposa sobre el cadáver de la oruga. El mismo ADN puede prestarse a formas tan diferentes, que no es él quien las establece, ni son las hormonas las que organizan, sino una o más vocaciones morfológicas que esperan, quién sabe dónde, para revelarse.

Los botánicos conocen todavía mejor estas dobles vidas que portan un idéntico ADN. En cada planta hay una alternancia regular de generaciones, el haploide y el diploide. En algunas algas son casi indistinguibles, aunque el diploide tenga el doble de cromosomas que el haploide. En las plantas superiores el diploide está representado por la planta adulta. Esta produce, en órganos florales especiales, formaciones microscópicas: los sacos embrionarios femeninos o los pólenes masculinos. Los sacos embrionarios se anidan en el fondo de los pistilos, mientras que los granos de polen, abandonadas las anteras, revolotean como un polvillo fino en el aire, hasta que se posan sobre el estigma de los pistilos, del cual emiten un delgado tubito que penetra hasta el saco embrionario y lo fecunda. Un núcleo haploide materno (oosfera) y uno paterno (núcleo generativo) se fusionan, y forman un núcleo diploide, que origina el embrión. Este queda encerrado en la semilla, hasta que explota para producir la planta.

Un saquito embrionario o un grano de polen son organismos de pleno derecho, aunque no tengan otra función que un microabrazo. Lo son al mismo título de la señora planta, que puede ser millones de veces más grande que ellos, formar profundas raíces, un alto tallo con las verdes páginas de las hojas, variopintas copas florales. La planta del tabaco tiene en sus células 48 cromosomas, mientras que los pólenes haploides tienen 24. Sin embargo, esto no tiene nada que ver con la majestad vegetal y la minuciosidad de los polvorientos amantes. Con expedientes más bien simples es fácil obtener plantas con 24 cromosomas, que apenas se distinguen de las plantas normales, y pólenes con 48 cromosomas, que permanecen minúsculos como granos de polvo impalpable.

La máxima de las diferencias no tiene nada que ver con el ADN, mientras que la diferencia entre una planta de flores rojas y una de flores blancas está fielmente transcrita en el ADN.

La diferencia entre machos y hembras, que en muchas especies apenas es observable, esta sí, es una cuestión de cromosomas. Pero en algunas especies macho y hembra tienen los mismos cromosomas (el mismo ADN) y difieren de manera ostensible. En el gusano marino *Bonellia viridis* la hembra, probóscide incluida, mide un pulgar. El macho es casi invisible. Se desarrolla como un filamento sobre la probóscide de su consorte, que después lo engulle y lo alberga en sus vísceras como un saquito, que no tiene otra función que la de fecundar a su enorme cónyuge. Los huevos fecundados producidos por este incómodo abrazo son todos iguales y vagan por el agua: si alcanzan el fondo desarrollan una hembra; si van a parar sobre la probóscide de una hembra dan lugar a ese diminuto y atrofiado que es el macho, del que no esperamos que exclame: «*¡vive la difference!*».

Otro caso de profundas diferencias e igualdades de ADN se da en las castas de los insectos sociales. Visitemos a las termitas, que son los más indefensos de los insectos, de cuerpo blando, metamorfosis incompleta y sin aguijón, como nosotros los hombres. Estas carencias las han suplido con una organización que los convierte en los más terribles habitantes de la Tierra. Construyen palacios--ciudades de un tamaño colosal, los termiteros, inexpugnables, a temperatura y humedad controlados. Se dividen en castas alrededor de un rey y una reina y un regimiento de sexuados. Estos son, en la ciudadanía, los únicos insectos perfectos, con ojos facetados y alas iridiscentes transparentes. Viven en el ocio hasta el momento del vuelo nupcial, después del cual caen al suelo apareados, pierden las alas y se hunden sobre el terreno donde también pierden la vista. Si tienen suerte, las parejas pueden fundar una nueva ciudad: el rey sigue ocioso y fecundando a la reinecita, que se hace enorme y blanda, hinchada por millones de huevos. La diferencia en esta pareja asimétrica está originada por el sexo genético, pero entre la pareja real y los obreros y soldados, que forman la plebe de las colonias, no existe cuestión de sexo ni de ADN. Existe algo más que hace que las castas trabajadoras sean profundamente diferentes entre sí y respecto a la desproporcionada pareja reinante. Los obreros son blanquecinos, obtusos y ciegos, como larvas no desarrolladas, y trabajan sin interrupción. Los soldados, también obtusos y ciegos, parecen llevar un poderoso yelmo en la cabeza, que en las diferentes especies, porta grandes mandíbulas o una grotesca nariz de la que emiten una resina viscosa. Toda esta variedad de formas y funciones, que convierte a las termitas en un pueblo multiforme, no está producida por ninguna diferencia genética y deriva de la masa informe y uniforme de huevos que flotan en el inmenso abdomen de la reina.

Las vistosas diferencias entre las castas son, en buena parte, debidas a la detención del desarrollo. Soldados y obreros no son insectos completos, como los sexuados. No tienen desarrollado el exoesqueleto, los ojos, las alas, están privados de autonomía y deben a esta su inferioridad de desarrollo, su disposición para servir y su mansa disciplina. Permanecen como partes del gran ser que es la colonia; su pensamiento está en la reina y si esta muere o es asesinada, quedarán paralizadas en el lugar, incluso lejano, de donde se encuentren.

Todo esto es suficiente para ilustrar cómo el mismo ADN puede dar origen a formas muy diferentes y que, por tanto, el agente diversificador reside en otra parte. Puede ser una papilla, una hormona, un ion. Establece la detención o la prosecución de un recorrido, y quizás la desviación en cualquier punto de bifurcación. Grandes y profundos cambios en la forma y en las funciones de los organismos pueden haberse producido sin perturbar el ADN. El elixir de la variación está en otra parte y tiene algo de mágico.

Un ejemplo clásico de grandes variaciones con el mismo ADN nos viene ofrecido por un pequeño anfibio de México, el ajolote. El animalito tiene un cuerpecito blanco y vistosas branquias rojas a los lados de la cabeza. Es una delicia para los mexicanos. Llevado, a principios del siglo XIX, al estanque del *Jardin des Plantes* de París, se convirtió en una salamandra negra y amarilla, sin branquias en el adulto, el *Amblystoma mexicanum.* El ajolote era la larva del ambistoma, retenida en México en estado larvario, pero capaz —y esto es importante— de reproducirse como larva, y entonces de formar especies por sí misma. ¿Por qué en el estanque de París se convertía en salamandra? Se comprobó que dependía del simple hecho de que en París el agua era más rica en yodo, cuya presencia permitía que se completara una hormona de la metamorfosis. Ajolote y ambistoma tienen el mismo ADN, pero evidentemente en la salamandra entran en función nuevos genes, ya presentes en el ajolote, donde se conservan dormidos desde quién sabe cuántas miles de generaciones. La bella durmiente, la pequeña Blancanieves de gorguera carmesí, se despertó como un monstruo. El ajolote y la salamandra estaban clasificadas en diferentes subórdenes de anfibios, cuya diferencia era un minúsculo átomo de yodo.

Para completar el teorema de que no es el ADN quien hace las grandes diferencias, resulta oportuno ilustrar algunas situaciones recíprocas respecto a los casos de aspecto diferente con igualdad de ADN. Son aquellos casos conocidos con el término impropio de «evolución convergente», en los cuales diferentes ADN corresponden a especies tan similares que se hace difícil distinguirlas.

Los marsupiales son un orden en sí —casi una subclase— en la clase de los mamíferos. Aparecieron en el Cretácico, antes de que surgieran los verdaderos mamíferos (placentarios) en el Cenozoico. Se produjeron en una gran variedad de formas y géneros de vida, que han precedido y anticipado formas que se expresarían entre los mamíferos, como si fuesen una «primera edición» de la gran reimpresión de los modernos animales de sangre caliente (Euterios). En los bosques australianos aún planea una ardilla voladora de larga cola, con membranas entre las extremidades anteriores y posteriores, que es casi idéntica a una ardilla voladora americana. Una es marsupial, la otra un verdadero mamífero. Los vivérridos, los gatos y los perros son copias revisadas de los marsupiales, y los topos marsupiales son una perfecta anticipación de nuestros topos. No es verdad que la evolución nunca se repita; no es verdad que, si la evolución recomenzara a partir de algún remoto progenitor, seguiría caminos completamente diferentes de los históricos. Como en la embriología, en la sistemática vale una especie de ley de «equifinalidad» según la cual «*un particular punto de llegada morfológico puede alcanzarse partiendo de puntos diferentes y con trayectorias de desarrollo diversas*» (H. Driesch).

Un ratoncito campestre (el gerbillo) salta sobre las largas patas posteriores, con los pequeños brazos estrechos pegados al pecho, desapareciendo entre la hierba. Os desafío a que adivinéis si era un marsupial o un placentario. No podemos salir del paso hablando de «evolución convergente» debida a la selección natural de las mismas mutaciones. Si fuera así, deberíamos constatar una improbable convergencia en los ADN, que nadie ha verificado. La naturaleza descubre sus modelos, sus potencialidades, diríamos sus «intenciones», sin la garantía de un sustrato común; las descubre en mundos remotos, sobre ADN lejanos, en virtud de leyes morfogenéticas que privilegian ciertos resultados morfológicos, casi como si estos fueran los finales obligados de fábulas desarrolladas con personajes y vicisitudes diferentes.

Los escarabajos japoneses se separaron, en épocas muy lejanas, de dos grupos diferentes por la composición del ADN (dos clados).

Uno permaneció en el centro de la isla principal, el otro se distribuyó por las zonas periféricas. Cada uno de los dos grupos ha expresado tres especies, las mismas tres especies, aunque entre ellas no haya existido más contacto desde la época remota de la separación de los dos «clados». ¿Cómo se puede explicar? Se puede decir que el ascendiente común llevaba en sí, inexpresadas, las tres especies, y que sus descendientes, después del éxodo que ha dividido los dos grupos, han «aprendido», tanto en uno como el otro frente a aquellas formas innatas, y las han representado en el teatro de las marionetas de la naturaleza.

Esta concepción se ha desarrollado paralela e independientemente de la que puede ser definida como la vía italiana a la evolución. El turinés Daniele Rosa, a comienzos del siglo XX, postuló una evolución a través de fuerzas internas que operaba sobre el frente de las especies (hologénesis) El frente habría podido fracturarse y la transformación habría continuado perpetuándose con sus mismas modalidades en los diferentes fragmentos del frente. Imaginad niños dispersos en diferentes islas de un archipiélago desierto. Con los años, irán al encuentro de las mismas transformaciones en sus reservas aisladas: conocerán la pubertad, la adolescencia, el amor, el pensamiento, la madurez y el crepúsculo, todos en la misma secuencia y con similares modalidades. Quizás contarán las mismas fábulas. Rosa imaginó que las generaciones, en los milenios, procedían hacia un destino preestablecido, como el niño en el desarrollo de su vida futura. Esta evolución sobre todo el frente contrasta con la visión «difusionista» de Darwin, según la cual la innovación es estrictamente local y se afirma, en las generaciones, por una superior capacidad reproductiva y difusiva de los portadores de la variación útil, que poco a poco sustituyen a los menos aptos.

El difusionismo darwiniano no estaba en condiciones de resolver la paradoja de Hooker, que es la siguiente: ¿cómo es que las especies similares habían aparecido en regiones separadas de la Tierra, más allá de barreras montañosas u oceánicas que impedían toda comunicación entre ellas? No podían haber llegado allí por difusión desde un centro de origen, precisamente por la ausencia de conexiones.

Leon Croizat, un botánico de la escuela turinesa, vagabundo por las Américas, formuló una teoría que daba cuenta de las evoluciones paralelas. La llamó «panbiogeografía». Según su teoría, una especie se difunde primero sobre una vasta área sin variar. En un segundo momento el área ocupada se divide por el surgimiento de barreras insuperables. Separados por estas, los troncos de las especies proceden según su programa de transformación, alcanzando el mismo destino morfológico, sin saber uno del otro.

Las aves corredoras aparecieron sobre diferentes subcontinentes después de que entre ellos se habían formado los océanos, a causa de la deriva de los continentes. Los pájaros sin vuelo no pueden cruzar las extensiones acuáticas, y entonces, ¿cómo pudieron encontrarse corriendo por las llanuras incomunicables de los remotos continentes del Sur? Aves fallidas, los Estrucioniformes, tienen todas las alas atrofiadas, esternón sin quilla, huesos sin sacos aéreos, enormes patas con dedos reducidos en número, cuello largo en forma de S. Sobreviven en América del sur los ñandúes, en África los avestruces, en Australia los emús, en Nueva Zelanda los kiwis; primos de forma, habitantes de lejanos continentes donde no han migrado nunca. La semejanza de las formas no es de origen ambiental ni genético, es hija de una comunidad de recorrido desarrollada en el tiempo como una misma ecuación algebraica en tantas pizarras de universos paralelos.

Me parece que la hologénesis-panbiogeografia, que postula un destino histórico hacia el cual las especies se dirigen, independientemente de su geografía, ha encontrado una formulación matemática en la teoría de las ondas convergentes de Fantappié-Arcidiacono. En esta teoría el desplazamiento hacia el orden y la complejidad (sintropía) no es producido por causas locales sino por un diseño general que convoca la realidad hacia su destino. Una avestruz corriendo en los desiertos del futuro.

La misma estructura compleja ha aparecido muchas veces, en el curso de la larga historia de la vida, en organismos pertenecientes a tipos lejanos, de tejidos diferentes, con diferentes procedimientos, sustentada por ADN sólo lejanamente emparentados. Basta con citar el ojo del pulpo y el del hombre. Como los ojos de nuestro rostro, los del pulpo, la sepia o el calamar, tienen forma globular, retina, cristalino, córnea transparente, y nos fijan desde los lados de la cabeza con lánguida mirada humana. En los pectínidos, moluscos como el pulpo, falta por completo la cabeza y los ojos son pequeñas copitas fotosensibles dispuestas en el borde del manto.

En conclusión, con un solo ADN se pueden hacer las formas más dispares (orugas y mariposas) y con ADN dispares se pueden generar formas casi iguales (gerbillos con útero o con marsupio) y órganos equivalentes (ojos de pulpo y humanos). El ADN, por tanto, solo tiene que ver de lejos con la forma, y la forma tiene una autonomía fundamental respecto al ADN. Con una sola información molecular se pueden hacer todos los tipos y con las informaciones más diversas se puede hacer lo mismo.

Entre el ADN y el aspecto del organismo hay una caja negra que encierra todo el misterio de las tipologías y de las diferencias orgánicas. La disciplina que ha afrontado este espacio desconocido ha sido llamada «epigenética». El nombre es desafortunado y encierra una teoría: que el ADN, a través de una serie de operaciones e interacciones, actuando en un contexto, termina por proporcionar un organismo. Aunque esta teoría establezca una distancia entre el ADN y el aspecto último, entre la genética y la forma, entre el genotipo y el fenotipo, se ocupa de una derivación, se ocupa de cómo el ADN «hace» el organismo. Pienso que el problema es como el organismo se sirve del ADN, como lo emplea o lo hace callar, cómo selecciona las zonas interesantes. El discurso no comienza por el ADN.

Dicho esto, debemos expresar nuestro reconocimiento hacia la epigenética, que ha resistido a la tendencia de la biología molecular a aplanar la forma sobre el ADN, el fenotipo sobre el genotipo.

La biología molecular, culminada en el análisis del ADN, siempre ha considerado al organismo como una manifestación lateral del ADN, como el embalaje de lo que verdaderamente representa la vida, la famosa doble hélice, el ADN. Esta nueva biología ha utilizado como sus objetos preferidos a los mohos, las bacterias, los virus y los pequeños seres microscópicos en posesión de un mínimo de forma, en los cuales los defectos (las mutaciones) del ADN se manifestaban inmediatamente en el quimismo celular. También el organismo superior fue degradado a traducción del ADN. La forma apareció como algo pletórico, barroco, redundante, de lo que la vida habría podido prescindir, como pareció que había hecho muy bien durante tres mil millones de años, antes de la aparición de plantas y animales.

¿Qué sucede cuando el paraíso marino y terrestre —que durante millones de años ha sido un limbo microbiológico— se pobló de especies complejas, de formas superiores?

En un cierto sentido podremos decir que aquellos microbios genéticos —bacterias aerobias, espiroquetas o algas azules— invadieron las formas y se establecieron como parásitos o simbiontes, produciendo en ellas esa enfermedad letal de las más extrañas sintomatologías que se llama «vida».

Lynn Margulis ha formulado una Teoría Simbiótica sobre el origen de las células superiores (eucariotas), según la cual las células de plantas y animales son asociaciones de diferentes microorganismos que en otro tiempo fueron libres. Orgánulos celulares como las mitocondrias respiratorias o los plastidios fotosintéticos fueron bacterias aerobias o algas azules; los cilios y flagelos derivan de bacilos del tipo de las espiroquetas. También los elementos que proveen a la división de los cromosomas (centriolos, cinetocoros y fibras del huso) son de origen microbiano. La Teoría Simbiótica de Margulis considerada excéntrica en los años setenta, hoy ha obtenido un reconocimiento general, pero se ha mantenido al margen de la teoría selectiva, porque destrona al Azar en el origen de los grandes Phyla y antepone la colaboración simbiótica a las disputas administrativas por la Selección Natural.

También los genes alienados, fragmentados y distanciados en los cromosomas de plantas y animales fueron un día empaquetados en ovillos de ADN bacteriano.

El análisis genético es en realidad una refinada parasitología de lo viviente. Estudia las mutaciones de aquellos remotos invasores de la célula que se han modificado para formar orgánulos o se han expandido para formar cromosomas. El estudio de la patología de estos genes fragmentados y dispersos es lo que desde principios del siglo XX se llamó Genética. Las variaciones de los caracteres han servido como «marcadores» para reconstruir la geografía interna de las células, las alineaciones cromosómicas de los genes, los caprichos de los genes errantes. Tenemos que dar la razón a Richard Dawkins cuando llama a los genes: «egoístas» o «parásitos». Se equivoca cuando pretende que sean ellos los que construyen las formas. Las formas son la expresión de figuras autónomas y predispuestas y el ADN se limita a darles dos cosas alegres: la pequeña variabilidad y la vida.

11

No hay cuerpo sin mente

PRONUNCIAR, en el curso de una discusión sobre la evolución, la palabra «alma» es el colmo de la imprudencia. En el momento en el cual la evolución entró en el ámbito científico, de ella salió el alma. Salió de ella porque la evolución es el intento de explicar las cosas y su origen sin hablar de metafísica; el alma, aunque signifique un viento, un soplo, es aliento que desciende de labios trascendentes. Sin embargo, rechazar el discurso sobre el alma significa decirle todo al hombre de la calle sobre la evolución, excepto aquello que realmente le interesa. Pues bien, la curiosidad del hombre de la calle no interesa a los evolucionistas. Se le invita a plantear su problema de otra manera; si no, se le ruega amablemente que se ocupe de otra cosa.

El problema no se puede liquidar así; cada hombre y cada mujer siente dentro de sí una persona, un yo, una luz, que se identifica con la vida y que sabe que ha acogido en el cuerpo en el momento de la concepción. Los cristianos saben que el hombre completo nace dos veces: una para el cuerpo y otra para el alma. El evolucionista más gentil puede venir al encuentro de la pretensión cristiana, pero que quede claro que el alma o el pensamiento, es filiación del cuerpo, su secreto. «No hay mente sin cuerpo». El pensamiento y la memoria son el resultado de conexiones neurológicas.

La Iglesia se ha adherido, con cautela, a la idea convencional de la evolución orgánica. Solo sobre un punto se ha mantenido firme. En el cuerpo humano, en un cierto estado de hominización, descendió el alma de fuentes ultraterrenas. Que el alma haya sido producida por las fuerzas de la materia, como un mero «epifenómeno» de esta, la Iglesia no lo acepta, ni lo considera digno.

En el origen del hombre, precisa una encíclica papal, hay un salto ontológico que la física no puede describir. «El conocimiento metafísico, la autoconciencia y la autorreflexión, la conciencia moral, la libertad, la estética y la experiencia religiosa» son problemas para los filósofos, mientras que los teólogos se ocupan del significado final. Los científicos se ocupan de la base material.

La posición de la Iglesia deja abierto un gran problema biológico. Si el Señor ha infundido el alma en el cuerpo humano, cuando ha constatado que este se encontraba bien organizado para poder acogerla, ¿Cómo procedió la evolución orgánica del hombre hasta el momento de la sagrada bendición? ¿Cómo se formó un cerebro capaz de Dios en un golem? ¿Cómo alcanzó el cuerpo humano, por grados, la semejanza de Cristo? La Iglesia no se encontraría en estas aporías, si hubiera evitado adherirse demasiado deprisa a la idea de que, en la historia de la vida, un homínido haya recorrido el camino darwiniano desde el simio hasta el hombre de Leonardo, que se habría erguido gradualmente del caminar encorvado sobre los nudillos hasta la espalda recta y el ojo hacia las estrellas. El hombre —hemos sostenido— nació de repente, en un salto, es decir, de modo no darwiniano. El salto ontológico fue también un salto biológico.

Como ocurrió el salto, y a partir de qué especie o barro, la ciencia no lo sabe (como no lo sabe respecto a cualquier otra especie fósil o viviente). Pero en realidad, si el traslado fue tal que el ser recién nacido se separó del antepasado misterioso cayendo en una forma esencialmente nueva, la forma ancestral no nos interesa tanto y nos explica muy poco. Nos interesa más el caparazón en el que se compuso el boceto que generó nuestra especie. El hombre nació hombre y no de un bruto, no por grados. Todo lo que es grande nace grande, afirmó Heidegger.

Evitado, con un salto, el obstáculo del origen corporal del ser pensante, permanece el de la relación que el «alma» estableció y todavía mantiene con ese cuerpo.

En las páginas que siguen hablaré de «mente», más que de «alma», porque si consigo hacer comprender mi discurso sobre la mente, solo me quedará un vuelo final en el que la mayoría de los lectores no querrán seguirme y yo mismo me arriesgaré a quemarme las alas. De todos modos, habremos logrado salir del pantano neurológico en el que la ciencia experimental nos ha metido a todos penosamente.

La pequeña esfera embrionaria comienza a tomar forma con la aparición de la placa neural que se excava desde la parte posterior hacia la extremidad cefálica y se cierra en un canal, o tubo neural. Este presidirá la formación de los órganos enviándoles las nacientes ramificaciones nerviosas.

El tubo neural es el centro motor del organismo en desarrollo. Este tiene una actividad eléctrica que se manifiesta a través de pequeñas descargas sucesivas. A estas el embrión responde con sacudidas y escalofríos, que actúan sobre la organización de los órganos. Es la actividad eléctrica la que genera las fibras y los circuitos que la acojerán. Las fibras nerviosas transmiten los impulsos antes de constituirse, son organizadas por los propios impulsos de los que son vectores. Los órganos comienzan a tomar forma y posición antes de que las terminaciones nerviosas se hayan completado. Están esbozados cerca del tubo neural y son rápidamente alcanzados por los nervios, que establecen las conexiones. Entonces se desplazan hacia sus sedes, arrastrando los nervios consigo, como buzos con sus tubos de aire comprimido.

Las fibras nerviosas, al alcanzar —por ejemplo— el músculo en formación, le transmiten impulsos que producen la contracción y la relajación. Trabajando, el músculo toma forma y no sucede lo inverso, que espere a tomar forma para luego ponerse a trabajar. Lev Beloussov ha demostrado, con refinados experimentos, que la morfogénesis es un proceso dependiente de tensiones (*stresses*) y abandonos (*relaxations*).

La energía emana del tubito dorsal del embrión como una mente que distribuye a los órganos sus disposiciones y los impulsa a esos sobresaltos a través de los cuales ellos se conforman. Las «ideas» difundidas por el eje neural tienen una capacidad plástica precisa y esculpen el cuerpecito palpitante en función de un programa innato. Si un nervio está lesionado, las contracciones locales son abolidas y el órgano no inervado deja de componerse. Incluso si las contracciones se obstaculizan mecánicamente, el órgano detiene su desarrollo. El embrión de sapo comienza, en un cierto estadio, a replegarse lateralmente a sacudidas. Una fina aguja de vidrio introducida por detrás para ensartar el cuerpecito bloquea los movimientos y, en consecuencia, el intestino deja de alargarse (C. Bondi).

Hay un estadio de desarrollo en el que el embrión humano empieza a percibir estímulos del exterior. Los movimientos de respuesta a los impulsos de fuera se inician todavía antes de que los receptores sensoriales se hayan completado. En este momento el embrión inaugura su vida de relación. Los mensajes del mundo son inicialmente vagos e inespecíficos y sólo sirven para animar un programa morfogenético esencialmente autónomo.

El feto humano comienza a registrar la música que le llega y que sabrá reconocer después del nacimiento. También la voz paterna le queda impresa y se le hace familiar. Comienza a soñar. Su «mente», ya no está ocupada en la autoorganización del cuerpo, sino que se prepara para acoger y elaborar modelos de pensamiento. Su gramática plástica se va transformando en gramática mental, en simbología.

René Thom, el gran matemático francés de la Teoría de las Catástrofes, ha correlacionado la diferenciación espacial del embrión con las actividades funcionales del adulto. Los gradientes morfogenéticos embrionarios (céfalo-caudal, izquierda-derecha, externo-interno) se convertirán en gradientes de la actividad adulta. En el tránsito de la actividad morfogenética del embrión a la actividad funcional del adulto los llamados «inductores» o «atractores» que inician las cascadas morfológicas encuentran un correspondiente en los evocadores ambientales. Así, los inductores del sensor encefálico embrionario corresponden a la «presa», que dirige la actividad del adulto. La trayectoria «mental» del animal depredador está ya predispuesta en el embrión precoz en el estadio de blástula. Los órganos sensores, motores, de digestión y excretores prefiguran las funciones del adulto cazador: la percepción de la presa, el seguimiento, el acto de devorarlos, la digestión y la asimilación-excreción. El minúsculo embrión prepara un destino y los procesos morfogenéticos anticipan la dirección de la vida de relación. Dentro de este cuadro los fenómenos de la conciencia y de la ideación emergen como proyección externa de la elaboración morfológica. Las formas y las ideas están ontológicamente conectadas. Según J.M. Lotman «*a un cierto nivel de abstracción la "estructura pensante" y la "estructura viviente" son definidas del mismo modo*». La actividad intelectual es para V.I. Verdansky «una poderosa fuerza biológica», un estado emergente de la biosfera, la «noosfera». «*La noosfera es un nuevo fenómeno geológico sobre nuestro planeta*».

En el embrión precoz se activan aquellas fuerzas que promueven la forma del cuerpo, la ponen en relación con el exterior y lo proyectan hacia fuera, a «construir un mundo». Como actividades formativas, todos estos procesos pueden ser considerados «mentales» y su secuencia puede presentarse con pleno derecho como «recorrido del alma».

El alma es esa cosita excitable, que se despierta en el abrazo del óvulo con el esperma, evoca las formas nacientes, y por esas mismas formas es acogida. Comienza a escuchar el exterior y a elaborarlo en figuras mentales y en sueños, hasta que, llegada a la luz, se proyecta hacia los espacios para construir el mundo que es su expansión y su tentación. *Anima vagula blandula* (Adriano).

También la lagartija tiene una pequeña alma, y en su mundo, pero no genera ideas y como mucho regenera la patita o la colita perdida. La planaria incluso la cabeza.

No creáis que estoy aquí pidiendo un pasaje para el delicado trayecto del alma por los caminos de la biología. Si he decidido adoptar el alma, sé que estoy poniendo en duda las ideas mismas de sustancia material y de tiempo.

Cuando el yo adquiere conciencia del alma, le incumbe el deber de desarrollar sus temas, de continuar el vuelo. Le amenaza el pecado de negarle vida al alma, canto a lo innato. Frente a la palabra del alma —hay que aceptar hasta el fondo los riesgos de las palabras— corre el riesgo de disolverse el yo, con su pretensión de singularidad y de localidad. Y que se eleve en vuelo un ángel.

A la aserción «no hay mente sin cuerpo» (pensamiento sin cerebro) oponemos la inversa: «no hay cuerpo sin mente», no hay forma sin un principio fundante (no hay patita de lagartija sin idea). Nos parece que Buda había expresado un concepto similar al afirmar «*Todo lo que posee forma existe gracias a la mente*» (traducción de P. Filippani Ronconi, que, sin embargo, entiende por «mente» al observador y no a la ley formativa).

Este mundo, que somos nosotros mismos, que es la proyección de la antigua fuerza que nos ha plasmado y nos ha ofrecido a la luz, a la conciencia y a las memorias, ¿qué autonomía y permanencia tiene? ¿Y qué será de él después de la muerte del cuerpo? ¿Quedará ahí, suspendido, incorpóreo pero personal, alma sin cuerpo, recordando a la amada, acompañando golondrinas migratorias, persiguiendo galaxias fugitivas, hasta confundirse con el espíritu del universo?

¿De qué sirve haber conocido las soleadas extensiones de la vida, o las lunares profundidades nocturnas, o la alegría del amor, si en el momento del tránsito uno se encuentra confuso y el alma asustada y descuidada se refugia en algún rincón desesperado de la habitación? ¿Por qué el haber practicado los caminos del conocimiento, haberse hecho *imago mundi*, haber mantenido un discurso con lo eterno, si luego hay que naufragar, sin memoria de nada excepto del sufrimiento, en las sábanas inhospitalarias de una cama deshecha, apoyados en una almohada incómoda? Mejor entonces no intentar trasladarse más allá del último túnel arrastrando las maletas y los baúles de los años: mejor concentrarse en el último y breve encuentro: un gorrión en la barandilla del balcón, una flor de antigua fábula, un cuadro en la pared o una sonrisa.

Si es cierto, como concluiré en un capítulo sobre las nubes, que cada parte de un organismo contiene el todo, que cada idea refleja el mundo, entonces el último impulso dibujará lo eterno.

Recuerda que el paraíso solo te ofrece una pluma para tu paso y toda la habilidad está en subirte a esa pluma en el último momento.

12

Una matemática para hablar de nubes

LOS CONTORNOS DE LAS MÁS GRACIOSAS, elegantes y amables entre las formas naturales —flores, conchas y cristales— pueden ser diseñadas matemáticamente, y ser reproducidas desde el desarrollo de fórmulas algebraicas. Esto hace pensar que estas formas simples son producciones espontáneas, derivadas de principios generativos, puestas en acción por procesos químicos o vitales actuantes en la materia. En el borde del manto de la caracola se acumulan sales de calcio, con el máximo de actividad sobre un arco y con una actividad regularmente reducida hasta anularse en el arco opuesto. El resultado es un cono distorsionado y replegado sobre sí mismo. El tronco de un árbol se acrecienta por los canalículos dispuestos alrededor bajo la corteza, y forma un cilindro que, serrado transversalmente, exhibe una serie regular de círculos concéntricos, numerosos como los años de su vida, aquí y allá marcados por las ofensas del tiempo.

La belleza pura de la naturaleza es obediente y un poco tonta, se deja comprender y describir, porque es el desarrollo de un problema de álgebra elemental. ¿Pero qué paisaje nos ofrecería la naturaleza si fuese hija solo de unos pocos reglamentos, y las Montañas fueran conos, las líneas costeras arcos de círculo, los troncos lisos como columnas y los rayos viajaran como líneas rectas

(Mandelbrot)? No sería agradable vivir en un paisaje de cilindros, esferas y pirámides, en un cuadro de Cezanne.

Por gracia del cielo, la naturaleza es inquieta y fugaz, indisciplinada e imprevisible y el dios geómetra ha dejado vía libre a faunos impenitentes y a ninfas traviesas. La irregularidad es la regla en la naturaleza, pero no es una variante del caos y las formas más complejas y extrañas, las cuales también ocultan normas elusivas.

Tratar matemáticamente estas normas ocultas es una forma de prepotencia que la Naturaleza no permite, es un vano esfuerzo destinado a la desilusión. Sin embargo, hay una vía de salida, humilde y juguetona, que consiste en simular la morfología de la naturaleza. Con expedientes gráficos, especialmente ahora que tenemos ordenadores, podemos desarrollar uno, cien o mil diseños y después, entre estos, buscar las mejores imitaciones de la naturaleza. De estas conocemos el mecanismo, de la naturaleza no.

Desde hace una treintena de años (Mandelbrot, 1975) ha empezado a difundirse una familia de diseños a la que se le dio el nombre de «fractales» por una razón que a un no matemático le resulta un poco compleja. Aunque las formas se desarrollen sobre un folio o un monitor, no tienen un número entero de dimensiones y dejan siempre libre una fracción de superficie. De los fractales nos emociona otra propiedad, la «autosemejanza». Esta deriva del hecho de que una figura fractal es producida por la reiteración de una simple regla, como la de sustituir la parte central de un segmento por una punta, y después el centro de los lados de la punta con pequeñas puntas proporcionadas y así sucesivamente. De ello resulta una figura compleja, respecto a la cual cada parte es la reproducción miniaturizada de la figura de partida.

Un fractal famoso es el llamado «copo de nieve» de Peano-Mandelbrot. Se parte de dos triángulos superpuestos y contrapuestos para formar una estrella de seis puntas, en torno a un hexágono. Por un lado del hexágono se traza una figura negra, limitada por una línea quebrada, que invade la mitad de uno de los triángulos y parece la sombra de una mano en forma de tenaza. En todos los lados de la «mano» se repite hacia el exterior la figura negra a escala reducida, y hacia el interior la misma figurita en blanco sobre negro. Continuando así, la estrella se articula en un minucioso mosaico de manos y manitas blancas y negras, que parece un cristal de nieve, con la propiedad de que cada detalle es igual al todo y, alejado y sometido a las mismas reglas, es capaz de regenerarlo en miniatura.

Se toma un rectángulo y se dibujan sobre el lado menor dos rectángulos oblicuos (uno más que el otro) y adyacentes. Sobre los lados menores se dibujan a escala rectángulos más pequeños y así sucesivamente. Aparecerá el dibujo de una minuciosa hoja de helecho.

Partiendo de simples reglas de variación y aplicándolo de forma repetida se puede asistir al desarrollo de figuras fractales como perfiles de montañas, líneas costeras en movimiento, arbolitos de Navidad, estuarios, arborizaciones respiratorias y circulatorias. El paisaje ya no es aquel surrealista de la geometría euclidiana, sino que aparece vivo, terrenal y despreocupado. Si además se introducen en el proceso pequeños errores accidentales, heridas de la historia, aparecen esas anomalías que hacen que las imágenes estén más cerca de nuestras experiencias familiares. Imaginen recorrer un camino que tiene de un lado fábricas industriales y del otro un bosque. Verían a un lado una naturaleza geométrica, y al otro una naturaleza fractal.

Todas estas figuras familiares son simplemente simulaciones y no pretenden desarrollarse en función de las reglas adoptadas por la naturaleza para construir los originales. Ellas nos dicen que la naturaleza no necesita de reglas o principios complejos para construir cuerpos articulados o extraños, o bien figuras esplendorosas o tortuosas como dragones chinos.

Cuando los fractales comenzaron a poblar los ordenadores, produjeron un mundo de maravillas, de formas y colores indescriptibles, derivados de la agregación monótona y repetitiva de pequeños dibujos elementales. ¿Por qué dejarse seducir por estas figuras engañosas, por estas fascinantes simulaciones? Sobre la naturaleza solo nos dicen que ella también debe tener sus pequeñas reglas compositivas si es tan hábil como para imitar sus propias imitaciones. Si queremos, nos dicen que se pueden hacer de todos los colores a partir de sencillos algoritmos, sin necesidad de los miles de millones de bits de información contenidos en el ADN de los organismos.

Los fractales, se ha dicho, son una matemática para hablar de nubes. Una nube es un cúmulo de nubes, cada una de las cuales es un cúmulo de nubecitas. Cada nubecita, observada con atención, está hecha de muchos jirones nubosos, más evidentes en los márgenes. Ese jirón, agrandado, es como la nube madre. Las nubes pueden ser globosas, en forma de ovejas, estratificadas, y así todas las subnubes de las que se componen. Pueden llenar el cielo o ser plumas vagas en la bóveda serena. Negras, grises, blancas o anaranjadas, parecen infernales cadenas montañosas, masas humeantes, extensiones de paraíso, gatitos, caballos encabritados o espuma de nata. Para aprender a conocer el mundo hay que contemplar las nubes. Son ellas, aunque uno se olvide de mirarlas, las reinas del paisaje; un país es bello si sus nubes son bellas. Revelan su composición minuciosa fundiéndose en gotitas o deshaciéndose en copos de nieve, hechos de cristales de agua helada. Según Zolla, las nubes son arquetipos de la realidad.

Como las nubes, cada objeto fractal presenta estructuras similares a diferentes niveles de análisis; una propiedad conocida como «invarianza de escala» o «autosemejanza». No habría hablado de fractales si esta propiedad suya no fuera la cualidad esencial de la vida. La planta es «autosemejante». Una ramita, una yema, una semilla e incluso una célula regeneran la planta entera, contienen el secreto del todo. La vida está hecha de innumerables e inexpresados proyectos de vida. «*Alles is Blatt*», afirmó Goethe, para decir que el árbol es como una hoja y cada rama y cada ramo son como nervios de la hoja, y cada pétalo, estambre o pistilo son variaciones de las hojas. Todo es hoja.

Honrad con una mirada a la humilde coliflor. El gran cono hinchado, verde pálido, recogido entre hojas bulbosas, es una inflorescencia juvenil. Está compuesta de numerosos ramitos que portan cada uno de ellos un grupo de botones florales. El cono tiene una maravillosa estructura fractal. Se compone de un centenar de conos menores dispuestos a lo largo de costas en espiral. Cada uno de estos se compone de otros conos sobre costas espirales, a su vez compuestos de microscópicos conos.

Cada detalle de la suntuosa estructura es un pequeño todo, es una coliflorcita en miniatura. Cada cono es autosemejante e invariante a las distintas escalas.

La estructura fractal propone una imagen de la naturaleza como estructura omnipresente. Cada ángulo del mundo es todo el mundo y todo el mundo está en cada ángulo del mundo. Aquí más, allí menos, aquí del todo, allí para nada. El añejo problema del todo y de las partes encuentra una respuesta muy novedosa y antigua. En un hilo de hierba está el universo y el universo, esforcémonos por creerlo, está en un hilo de hierba.

Solo quiero mencionar —por contraposición— a la que viene a llamarse como concepción «reduccionista» o también «atomista» de la naturaleza, Es aquella actitud por la cual cada cosa se comprende examinando las partes que la componen. Abriendo la muñeca. Un motor o un fusil se conocen desmontándolo y verificando la función de cada pieza; un cuerpo se aprende poniendo a la vista los órganos, aparatos, glándulas... El significado de cada pieza se revela descomponiéndola, hasta el nivel de los tejidos, de las células, de las moléculas y de los átomos. Conocidas las moléculas, se podría, en teoría, remontar todo el organismo. Es obvio que esto no es materialmente posible y nadie lo pretende, pero el asunto central de la visión reduccionista es que esto es posible en abstracto.

A los reduccionistas se oponen aquellos que se llaman «holistas» (de *olos*, del griego para «todo»). A ellos les interesa el todo. Su supuesto es que «el todo es más que la suma de las partes». En otras palabras, el paisaje de nivel en la realidad no es en absoluto automático. Las moléculas no hacen las células y los órganos no explican el organismo. La emergencia de la vida requiere de algo nuevo, inédito, que sus partes no conocen. La emergencia de la célula, de las formas, de los animales, de la inteligencia y de la sociedad requieren, en cada paso, de un nuevo evento, que podríamos llamar una invención de la naturaleza, un acto creativo, un salto evolutivo, y que, en todo caso, no está contenido ni es previsible en la situación que lo precede, en las partes que lo componen. La cola que une las piezas es misteriosa, arcana, y no es producida por las propias cosas. Los holistas van más allá y aseguran que no solo el todo es más que las partes, sino que las partes no tienen sentido si no respecto al todo. Solo colocadas en su conjunto la parte es la que es. La emergencia de un nivel superior de complejidad da a las partes un sentido, una función, un valor que antes no poseían. Un bulbo ocular sin nervio y sin cerebro es un sinsentido biológico. Antes de que emerja un todo, las partes son objetos sin sentido o con un sentido diferente, obviamente no partes de un todo. Son «todos» menores, «todos» para sus partes, para sus «sub-todos». Una consideración más rigurosa llevaría a concluir que las partes no preceden al todo, sino que nacen y adquieren sentido junto con el todo. Su papel de «partes» es un papel en el proceso cognoscitivo, pero no implica ningún papel en el proceso generativo.

Empédocles imaginó un universo caótico, en el cual cabezas, cuellos, brazos, corazones y pies vagaran en el azar por el espacio y por casualidad se encontraran formando todo género de seres, de los cuales solo sobrevivirían aquellos que tuvieran las partes en su lugar correcto. Él llamó «amor» a la fuerza compositiva. Pero el amor de Empédocles no tiene nada que ver con la «emergencia» de los holistas. Fuera del todo holístico las partes no existen, no tienen ningún sentido; las «partes» vienen después del «todo», o junto con el todo.

François Jacob ha resuelto el problema de las partes y del todo con un ingenioso *escamotage*. Propone que la naturaleza trabaje como un *bricoleur*, que encuentra las piezas entre los restos del almacén y los desechos, y, montándolos en nuevas combinaciones, construye aparatos nunca vistos, que forman nuevas estructuras que se añaden a las rarezas del mundo. En este cuadro las partes anticipan el todo, y sin embargo derivando de otros todos, abandonadas a lo largo de los senderos del pasado y restituidas a una función que puede ser originaria u otra. Así es como los mismos engranajes se encuentran en los objetos más diversos, y es así que las mismas cadenas bioquímicas hacen el mismo trabajo en las diferentes jaulas del jardín zoológico, en los arriates del jardín botánico. Esta imagen no es reduccionista, porque en ella las partes no prescriben el todo, ni es holista, porque las partes preceden al todo, cambiando a veces de rol, es decir, de «parte».

En la perspectiva «fractal» todos los juegos son subvertidos. En una estructura «autosemejante» cada parte es el todo, contiene la capacidad generativa del todo. Cada parte es el todo a escala menor, es el germen del todo. La vida es una asociación de gérmenes, dispuestos a expresar mucho más de lo que ellos muestran en el momento de ser.

La vida es cada cosa que tenga capacidad de regenerarse a partir de una de sus partes. Esta se acrecienta autorreproduciéndose. Abandona al mundo las yemas de las que está hecha, concede al paisaje propágulos de sí misma, invade el no-yo con sus propias autorreproducciones.

Es cierto que no se reproduce un hombre a partir de un cabello, una mujer a partir de un rizo, y que, subiendo en la escala de los seres, la autosemejanza y la capacidad regenerativa siguen siendo privilegio de células particulares, en el único límite del óvulo. Pero al mismo tiempo están presentes, ocultas o inexpresadas, en cada gota de vida. La vida superior tiene un poder sublime: muere. El óvulo es luz, y la muerte es la sombra que quita claridad a las partes tardías y periféricas del organismo y, dosificando su oscuridad, crea los relieves, los matices, las formas que dibujan los cuerpos. Cada célula óvulo contiene potencias numerosas (que se excluyen mutuamente) y sabe cómo atenuar y circunscribir la vida de sus hermanas corporales, sabe cómo construir un fractal moribundo. El cuerpo de una gata, rodeado de gatitos, sus autosímiles, su eternidad.

Los organismos inferiores —un alga, una bacteria o una levadura— pertenecen a la monótona gens de los inmortales, que perecen sólo al crepúsculo de los dioses. Proceden en ciclos, se desdoblan y brotan y están siempre en el mismo punto, hasta que, sin separarse, permanecen agregados, produciendo cuerpos autosimiles como fractales.

Cuando luego interviene la muerte para interrumpir los senderos del desarrollo, comienza la historia, comienzas las formas. Luego viene el pecado a inaugurar el pensamiento y el conocimiento, que es la expresión de la vida en las ideas; es el intento, ilícito y vano, de la mente que busca hacerse el mundo auto-similar.

13

Las proteínas toman forma

LA GENÉTICA DE FIN DE SIGLO ha sufrido dos fracasos, ambos resultado de su reduccionismo y de su predilección por el artificio. Han tenido lugar en campos tan diferentes y en organismos tan alejados entre sí que nadie los ha relacionado: intentaremos hacerlo nosotros. El primero es el fracaso de la ingeniería genética y el segundo es la crisis de la zootecnia británica a causa de la epidemia de las «vacas locas». En ambos casos se desarrollaron anomalías o enfermedades proteicas que la teoría biológica no había previsto. Lo que se llama, con una cierta autoironía de sus defensores, el Dogma Central de la Biología, prevé que el ADN, la molécula autorreproductiva de la herencia componga las proteínas y que las proteínas no tengan ninguna capacidad autorreproductiva. Estas deben ser suministradas continuamente a la célula sobre la base de la instrucción contenida en exclusiva por el ADN, es decir, por los genes, que están hechos de ADN. Toda la herencia del ADN.

La ingeniería genética tenía esta ambición, que resuena en el término con el que se presentaba al público. Extraer un gen (un extracto de ADN) de un organismo superior —del hombre, por ejemplo— y trasplantarlo dentro de una célula bacteriana, con un vector adecuado. El gen debería producir dentro de la célula microbiana la proteína animal. El experimento tuvo éxito con los genes de la insulina y del factor de su crecimiento, y se llegó a producir en cantidades suficientes como para comercializarlas. Pero al prometedor comienzo le siguió una desilusión general. Las proteínas llevadas de un reino a otro con una operación de contrabando biológico, se formaban en el nuevo ambiente pero no funcionaban. Las secuencias de aminoácidos que constituyen las proteínas se alineaban correctamente, pero las proteínas no asumían la configuración en el espacio que las habría hecho activas, la que solían asumir en las especies de origen. Se agregaban formando una masa glutinosa que ha sido descrita como el «*equivalente químico de un plato de espaguetis pasados*». Tras el arranque prometedor se constituyeron por todo el mundo empresas de biotecnología, que cotizaban en bolsa, con el programa de fabricar proteínas viejas y nuevas en los grandes fermentadores de cerveza, sin tener que recurrir al matadero, a precios irrisorios. Todo el sistema entró en crisis, muchas empresas tuvieron que cerrar. «*Alimentadas de esperanza y sueños, más que de productos reales* —escribió *New Scientist*—, *las empresas tecnológicas eran una casa de naipes que esperaba un escándalo para derrumbarse*». Y eso es precisamente lo que ocurrió.

¿Por qué la tecnología fracasó donde la naturaleza tenía éxito? ¿Porque los genes de contrabando o de exportación no formaban las proteínas correctamente? El problema era el siguiente: para funcionar las proteínas no necesitan solo de una ordenada y correcta secuencia de aminoácidos; esta debe asumir una configuración espacial en la que aparezcan las áreas de asociación que les permitan después interactuar con las moléculas que están encargadas de elaborarlas. J. Monod es explícito al declarar que la información espacial necesaria para especificar la estructura tridimensional de una proteína es *mucho más grande* que la información contenida en la secuencia. Él resuelve la «paradoja» en términos darwinianos, diciendo que las condiciones iniciales en las que se encuentra la secuencia no especifican la estructura espacial correcta, sino que sólo eliminan las otras estructuras posibles. En la célula no hay rastro de una hecatombe de proteínas deformes. Las proteínas están bien colocadas en sus sedes, donde forman sistemas coherentes, manteniéndose alineadas y solidarias. Para llegar indemne a su destino, el filamento proteico, la proteína naciente, ya tiene sus propios problemas que resolver.

A finales de los años 80 se descubrieron algunas moléculas que ayudan a las proteínas nacientes a defenderse de las malas influencias del ambiente circundante. Estas moléculas, también ellas proteicas, forman una suerte de capuchón o funda, dentro de la cual la proteína avanza hacia el lugar donde asumirá su configuración definitiva. Las fundas se limitan a custodiar las proteínas y no colaboran en su replegamiento, que tiene lugar después de que la proteína ha abandonado a su acompañante, o *chaperón*, como se ha convenido en llamarlo. Si falta el *chaperón*, o por un defecto en la célula, o porque la proteína naciente se encuentra en un ambiente celular extraño, la joven abandonada se pierde en enlaces equivocados. Se han encontrado numerosas clases de *chaperón* (una veintena, hacia 1994). Cada una puede ocuparse de diferentes proteínas, las protege, pero no las conforma.

¿Qué estructura celular realiza los plegamientos correctos y, por tanto, conoce todas las curvas y enrollamientos que las diferentes proteínas deben realizar para volverse activas? Las *chaperonas* evitan a las proteínas las curvas peligrosas, pero ¿quién les enseña las correctas?

Un indicio de que la estructura espacial de una proteína está determinada por el contacto con una proteína hermana surgió inesperadamente de las investigaciones sobre una enfermedad bovina conocida como «vacas locas». En este caso las proteínas de contrabando entraban en las células del cerebro bovino, no a través de sus genes generadores, sino por ingestión directa, mostrándose resistentes a las enzimas digestivas. Su intromisión perturbaba la estructura espacial de las proteínas hermanas autóctonas. Estas no cambiaban la secuencia, pero sí de actitud en el espacio, conformándose a las hermanas importadas. El fenómeno configura una imprevista «herencia por contigüidad» de las proteínas. Así como la mala compañía vuelve maleducado al niño, o a veces el niño maleducado vuelve mala a la compañía, o como la manzana podrida hace pudrir a todas las manzanas del cesto.

La herencia proteica por contigüidad fue formulada por Stanley Prusiner (Premio Nobel 1997). Su descubrimiento se ha considerado como el evento más importante en la biología de los últimos 50 años, después de los del ADN y el código genético. Este autor desarrolló su idea partiendo del estudio de la etiología de la «vaca loca», una enfermedad contagiosa que ha puesto de rodillas a la zootecnia británica. Las vacas afectadas por la enfermedad perdían la orientación, vacilaban, les costaba mantenerse en pie y finalmente caían muertas. Su cerebro estaba lleno de pequeñas cavidades, por lo que a la enfermedad se le dio el nombre de encefalitis espongiforme bovina (BSE). En vano se buscó un virus o una bacteria responsable de la enfermedad. Finalmente prevaleció la hipótesis de Prusiner de que el agente era una proteína. La propuesta entraba en contraste con el Dogma Central de la Biología, es decir, que la herencia era transmitida exclusivamente por los ácidos nucleicos. Todos los esfuerzos por encontrar ácidos nucleicos —ADN o ARN— en el agente infeccioso fueron en vano. Las proteínas infecciosas no eran admisibles dentro del dogma y su mecanismo de transmisión resultaba impensable. Sin embargo, el agente infeccioso proteico fue finalmente aislado y analizado. Se le dio el nombre de «prión» y su modo de acción fue descubierto y reproducido *in vitro*.

Un prión patógeno es la forma distorsionada de una proteína normal. El prión de la BSE tiene un plegamiento anómalo conocido como lámina beta, mientras que la proteína sana está organizada en hélices (hélices alfa). Esta compone una vaina de mielina organizada sobre la membrana de las células nerviosas. Las proteínas sanas tienen todas la misma orientación y enrollamiento. Cuando en la célula aparecen los priones, es decir, proteínas distorsionadas —en este caso proteínas beta— estas se incrustan en las empalizadas de las proteínas normales (alfa) e imprimen en ellas su deformidad, que se propaga por toda la vaina y de célula en célula, desorganizando los regímenes coherentes de las membranas celulares y generando cavidades cerebrales y la locura de la vaca. Lo que ocurrió no fue la multiplicación de un agente patógeno, no fue una verdadera herencia molecular, sino la transmisión de una deformidad molecular por contigüidad, un efecto «manzana podrida», o sea, «Quien anda con un cojo aprende a cojear».

Los priones responsables del síndrome de las vacas locas procedían de otras vacas enfermas, a través del pienso que contenía polvos proteicos obtenidos de carnes bovinas sacrificadas. En el origen de la enfermedad había una forma de «canibalismo» al que las vacas, alejadas de los pastos y los prados alpinos, se veían forzadas. Se teme que incluso una rara enfermedad cerebral humana, la de Creutzfeldt-Jacob, pueda derivar de las carnes de muchas vacas.

Algunos casos de herencia de la forma proteica «por contigüidad» han sido bien documentadas en la levadura. Una proteína (Ure2) puede asumir en algunas células una forma anómala. La deformación se difunde a todas las proteínas Ure 2 sanas y es transmitida a todas las células hijas y a toda la descendencia de los cruces con células normales.

Que la configuración proteica (terciaria) sea iniciada por una organización preexistente se ha probado de forma elegante en los flagelos de una bacteria, la *Salmonella*. Estos están constituidos por subunidades onduladas o en espiral. La flagelina desagregada y disuelta no se reorganiza. Si a ella se le añade un pequeño fragmento de flagelo ondulado, las moléculas dispersas se agregan formando flagelos ondulados; si se añade un fragmento de flagelo en espiral, se forman flagelos en espiral. No importa de donde provenga la flagelina.

El Paramecio, un protozoo de los infusores, tiene el cuerpo cubierto de cilios, todos peinados en el mismo sentido. Sonneborn (1970) invirtió, mediante una operación microquirúrgica, una fila de cilios disponiéndola a contrapelo.

En la división del protozoo los cilios a contrapelo mantuvieron su inversión, mechón rebelde y obstinado, incluso después de la renovación del núcleo (ADN). Sonneborn hipotetizó, bajo los cilios, la presencia de una estructura coherente, inmutable incluso en su artificiosa incoherencia.

Cualquier biólogo del desarrollo piensa que el cambio de algunas proteínas de una configuración a otra puede tener su papel en la diferenciación embrionaria, decidiendo si un grupo de células debe convertirse en hígado, músculo u otro tejido. Los diferentes órganos serían distintas «patologías» transmitidas a los tejidos por priones modeladores de regímenes proteicos.

Las investigaciones sobre la continuidad proteica han puesto en evidencia una herencia paralela, que flanquea a la del ADN y no es menos rica que esta. Supone una revolución de las ideas «dogmáticas» sobre la herencia porque no concierne a la secuencia literaria de las proteínas, sino que afecta a su actitud en el espacio.

La herencia «por contacto» tiene otras cualidades notables. La primera es la de ser susceptible de transacciones con el ambiente, e incluso con la dieta. Puede sufrir modificaciones más allá de los juegos del azar, que son la enfermedad del ADN. La segunda es la de transmitirse como una afección o una impresión, no solo de ascendientes a descendientes, sino también entre vecinos y conocidos.

El verdadero problema al que nos estamos enfrentando es, sin embargo, el de la estabilidad de las formas. Las anomalías priónicas han puesto en evidencia, a través de la excepción, un mecanismo estabilizador fundamental, un régimen de coherencia estructural de las proteínas hermanas, una solidaridad morfológica que se extiende a las vastas áreas de los tejidos en desarrollo.

Un organismo animal deriva del huevo fecundado. Los principios generativos de los sistemas proteicos deben pasar a través del huevo, como gérmenes de cristales. La genérica nos proporciona muchos ejemplos de la que ha sido llamada «herencia materna» o «citoplasmática». Ella constituye la excepción más importante a la herencia mendeliana, por la cual resulta indiferente de qué progenitor, macho o hembra, provenga el carácter examinado. Cuando no se tiene segregación de los híbridos, y todos los hijos tienen el carácter materno, pueden estar en juego estructuras citoplásmicas (proteicas) a las que el espermatozoide aporta una contribución muy modesta. El ejemplo más conocido es el de la torsión —dextrógira o levógira— de la concha de *Limnaea peregra*. Las crías de caracol siempre tienen la concha torcida en el sentido materno, independientemente de la torsión paterna (se ha identificado una mutación genética que, interfiriendo en el fenómeno, permite estudiarlo). El caso sigue siendo un hermoso ejemplo de configuración espacial confiada a la continuidad de las proteínas a través del huevo materno. La actitud del investigador no debe ser la de buscar a toda costa un gen que altere el proceso y lo reconduzca hacia el «todo en el ADN». La herencia proteica es vasta y pervasiva, y el hecho de que sea difícil de estudiar habla a favor de su omnipresencia.

La genética es la ciencia de lo mutable. Lo inmutable escapa a su jurisdicción y a su álgebra. En ella se le niega a la madre su contribución esencial y prevalente, porque ella la concede siempre y siempre del mismo modo. El «todo en el ADN» es una injusticia hacia la generosidad y la constancia materna.

14

La vida es un gran ballet

La noción de física que aprendemos de niños es que la materia se puede encontrar en tres estados: sólido, líquido y gaseoso. Sabemos que el agua puede ser hielo, agua o vapor, en función de la temperatura. Existe un cuarto estado de la materia, intermedio entre el sólido y el líquido, entre el cristal duro y el fluido huidizo. Lo que se llama «cristal líquido». Este estado intermedio y cambiante es utilizado por los relojes digitales y las pantallas de los ordenadores. Por su iridiscencia y el cambio de color al variar la temperatura es usado en los termómetros instantáneos y también en el ámbito de la moda. Con la variación de la temperatura en las zonas del cuerpo humano, el tejido cambia de color y matices. La graciosa muchacha en la pasarela, ciertamente no sabe que también los tejidos internos de su cuerpo, observados con luces adecuadas, son cambiantes e iridiscentes como sus vestiditos ajustados.

La mayor parte de las estructuras biológicas están en el estado de cristal líquido, en el cual se mantienen solidarias, pero no rígidas, como nos cabría esperar de la vida. En condición líquido-cristalina son todas las membranas celulares, el ADN cromosómico, las proteínas en general y en particular las del citoesqueleto, de los músculos y de los tejidos conectivos. Si imaginamos las moléculas proteicas como bastoncillos, de un cristal proteico sólido resultaría una larguísima empalizada, extendida sobre tres dimensiones, en las que cada estaca tiene su orden posicional y todos apuntan en la misma dirección. Aumentando la temperatura los vínculos se ralentizan, el orden de posición se pierde, pero el orden direccional se mantiene y las moléculas permanecen tiernamente alineadas y lánguidamente paralelas. Esta empalizada flexible y coherente representa la llamada «fase nemática» del cristal líquido. Un ulterior aumento de la temperatura disuelve todo orden en el conjunto y las moléculas vagan en dirección formando un fluido caótico. Los cristales líquidos están ordenados pero son móviles, flexibles y reactivos. Cada molécula imparte su propia dirección a sus vecinas, y la orientación solidaria se puede extender a millones y millones de moléculas. Un orden tal no viene establecido por la composición de la molécula, aunque las moléculas del mismo ensamblaje tengan todas la misma composición. Las moléculas lo aprenden de su compañía, que conserva una orientación transmitida por moléculas lejanas, como una norma social establecida quién sabe cuándo y por quién.

Algunas moléculas, (como el colesterol-benzoato) presentan un enrollamiento, que puede ser dextrógiro o levógiro. También en esto las moléculas adyacentes de un cristal líquido son solidarias. Por ejemplo, una recién llegada se enrolla en el sentido adoptado por la sociedad de sus vecinas, que componían una empalizada de tornillos, todos girados en el mismo sentido, como escaleras de caracol paralelas.

Las moléculas de los cristales líquidos presentan una estructura tridimensional que la molécula proteica naciente ignora y aprende de la unión en la cual se asienta el término de su camino celular. Allí está la escuela donde la molécula asume y conserva los pliegues que la harán viva y funcional.

Las membranas de las células nerviosas sobre las que los priones ejercen su acción desorganizadora son cristales líquidos en los cuales se insertan proteínas deformadas que transmiten por contacto sus deformidades al sistema. Los priones son agentes «desorganizadores» de una continuidad morfológica mantenida por adyacencia.

La modificación fisiológica de la condición de los regímenes proteicos es obra de fuerzas electromagnéticas. Las «empalizadas» que forman los cristales líquidos de las membranas celulares se orientan en el espacio y se inclinan en función de las líneas de fuerzas electromagnéticas que envuelven y penetran las células. Mientras se orientan respecto a estas fuerzas, las incorporan en sí mismas, las determinan y las estabilizan, como hierbas de prado al viento que capturan el aire al doblarse ante su empuje. El punto hacia el cual se dirigen se ha llamado «director» o «atractor». Si este se desplaza cambiando el viento, las proteínas del sistema se repliegan dócilmente hacia el nuevo polo, modificando su orientación, la una sosteniendo a la otra. Cuando interviene el cambio de fase que solidifica el cristal líquido, el prado se detiene y los filamentos permanecen prisioneros del último peine. La solidaridad de millones de moléculas cambiantes constituye un «régimen coherente».

Fuerzas eléctricas o magnéticas envuelven y compenetran el organismo en desarrollo formando un «campo» que organiza las cohortes moleculares y que es expresado por ellas. La hidra es un animalito acuático que tiene poco más que una boca en forma de corona y un pie: la extremidad oral es eléctricamente positiva, y la opuesta es negativa. Al atravesar al animalito en gemación con pequeñas corrientes, la polaridad puede ser invertida y con ella la orientación se invierte. También los huevos en desarrollo expresan una polaridad eléctrica. Las leves y palpitantes corrientes eléctricas que hacen su primera aparición en el huevo fecundado recorren después el embrión, y aquí y allá se descargan provocando sacudidas, deslizamientos, repliegues y convulsiones, induciendo, a partir de las nuevas formaciones, ulteriores flujos y torsiones. El conjunto dinámico de estas fuerzas vectoriales es lo que se llama un «campo morfogenético» y es a través de este que se construye progresivamente la forma del organismo. Los cristales líquidos lo incluyen y lo expresan. En los núcleos de las células involucradas en el mínimo magma viviente, los genes se encienden y se apagan ofreciendo materia a la arcana fundición.

No son ellos, los genes, quienes eligen la forma naciente: es la forma naciente la que elige los genes reclutándolos para su programa.

Los cristales en general y los líquidos en particular refractan la luz incidente y, en las oportunas condiciones ópticas, generan colores variados y brillantes. Con el cambio simultáneo de la orientación de las moléculas en los estratos flexibles, las luces reflejadas cambian de intensidad y de color. Quien ha tenido la fortuna de ajustar el sistema microscópico de observación —una investigadora china, Mae-Wan Ho— exclamó jubilosamente: «*¡Hemos podido ver todos los colores del arco iris en una larva de drosófila de primera muda, viva y nadando... La vida es todos los colores del arco iris en un gusano*».

La larva, de apenas un milímetro, aparece ampliada en el monitor del televisor a color. Nadando y ondulando, la cabecita hace brillar los músculos de la mandíbula en franjas azules y naranjas sobre un fondo magenta. Las bandas de los músculos segmentarios pasan del turquesa brillante al bermellón vivo, dibujando ondas luminosas que corren a lo largo del cuerpo ondulante. Las paredes del cuerpo contraído varían del magenta al púrpura, con sombras iridiscentes de verde, naranja y amarillo.

La danza de las luces que acompaña y marca la vida y el desarrollo del pequeño gusano del gusano del mosquito está orquestada por corrientes eléctricas que orientan los cristales líquidos y por estos son incluidas y reexpresadas. La exposición del embrión del moscardón a ligeros campos magnéticos provoca transformaciones en la segmentación de la larva. Se sabe que los campos magnéticos provocan ondas espirales y estados de turbulencia en los campos eléctricos de los cristales líquidos. Las transformaciones en las orientaciones de las moléculas se transmiten a distancia por la solidaridad típica de los regímenes coherentes.

El estado coherente es una condición que impone la cohesión pero permite una cierta libertad local. Mae-Wan Ho lo compara a una orquesta sinfónica o a un gran ballet «*donde cada individuo hace sus cosas, pero está entonado o al paso con el conjunto»*. Esta es una metáfora ulterior de la relación entre las partes y el todo.

Al presentar los tres estados del ser hemos usado el ejemplo del agua, que puede ser hielo, agua líquida o vapor. El hielo puede presentarse vítreo o cristalino, como en los copos de nieve, pero el agua líquida parecería exenta de toda estructura, de todo recuerdo, símbolo de la pureza y de la inocencia.

> «Alabado seas, mi Señor, por el agua
> la cual es muy útil, humilde, *et humile et pretiosa et casta»* (San Francisco)

Para el físico la molécula de agua (H_2O) es un minúsculo compás con el oxígeno en el vértice y en los extremos de las varillas dos hidrógenos, rodeada por una nube excéntrica de electrones que la convierte en un dipolo eléctrico. Como tal, se orienta en un campo eléctrico externo. Menos suave que el agua franciscana, el agua del físico tiene una disposición al orden y a la obediencia que le viene del estado de alerta de sus moléculas, comparables a minúsculas antenas. Cuando estas intercambian mensajes, pueden poner en fase sus oscilaciones y amplificarlas, accediendo a un nuevo estado fundamental, un «régimen coherente». La cadencia temporal de las oscilaciones se transforma en una estructura espacial (G. Preparata).

Respecto a los «regímenes coherentes» de los cristales líquidos del agua son mucho menos extensos, del orden de mil Á (una diezmilésima de milímetro), es decir, una décima de una célula bacteriana. Estas microcélulas de agua ordenada vagan en un agua distraída, nichos de orden en un mar de caos, modelos o preanuncios del orden vital. En cierto sentido, el agua coherente tiene una memoria, que es su propio orden, su campo (E. Del Giudice).

Emergemos del agua y de sus magias para volver a los campos morfogenéticos de la biología, confirmados en la idea de que existen condiciones de orden con una existencia autónoma, y una memoria, incluso en el más humilde y casto de los líquidos.

El mayor interés del «campo morfogenético» biológico es el hecho de que este se mantiene y se transmite autónomamente respecto al patrimonio genético archivado en el ADN. Durante el desarrollo los dos sistemas se influencian recíprocamente, el campo despertando a los genes y los genes suministrando el material requerido. La gran novedad de la biología de finales de siglo es el reconocimiento de un segundo torrente hereditario que discurre en paralelo al cauce ordenado del ADN. Construir los mapas topográficos de los campos en desarrollo no será una empresa fácil a causa de su tridimensionalidad, su turbulencia y su continua transformación. ¿Pero no serán acaso precisamente estos mapas inefables los que contengan el arcano que distingue la mosca de la ballena y la almeja del caballo?

Pienso que alguien podría preguntarse por qué, después de haber adoptado hipótesis macroscópicas y metafóricos campos mórficos, que desafían la lógica de la causa-efecto e incluso la flecha del tiempo, me he replegado, en estos dos últimos capítulos, sobre la interpretación molecular, aunque sea para dar una nueva dignidad genética a las proteínas. Yo también me lo he preguntado: naturalmente no lo he hecho con ninguna premeditación. Solo quiero comentar que el vínculo que permite a las proteínas confiarse su estado y transmitirlo hereditariamente no resulta de naturaleza mecánica y causal. Es una solidaridad de orientación, una «resonancia mórfica» (Rupert Sheldrake) por la cual cada elemento de un sistema coherente está sometido a una fuerza, y esta misma fuerza expresa. A los sistemas naturales les es inherente una memoria colectiva que vuelve coherentes a las moléculas, los cristales, las células, las colonias de termitas, los enjambres de libélulas, las bandadas de pájaros y los mitos de los hombres: «*Las cosas son como son, porque eran como eran*» escribe Sheldrake.

15

El insecto-hoja antes de las hojas

MUCHAS ESPECIES ANIMALES se confunden tan perfectamente con el fondo sobre el que viven que apenas se les distingue y a veces es necesario que se muevan para localizarlas. Sobre las montañas nevadas, los escribanos nivales, las perdices blancas, los lemmings y zorros polares están revestidos de un plumaje (o de un pelaje) blanco-nieve que desafía la vista del observador. Pero cuando se derrite la nieve y llega la primavera la blancura de los animales se desvanece y exhiben el traje pardo de la buena estación y de la tierra. En el desierto prevalecen los animales del color de la tierra o de la roca. Los búhos reales del desierto, los chotacabras isabelinos y las alondras entre los pájaros, las gacelas, los gerbillos y los ratones saltadores entre los mamíferos; la cerasta cornuda, el varano del desierto, las serpientes de cascabel y muchas lagartijas entre los reptiles, forman todos parte de la compañía de los frailes capuchinos y visten los tonos de la humildad. Cuando la rarísima lluvia embellece con el verde el desierto, sobre los mechones de hierba aparecen orugas e insectos verdes que imitan la inesperada clorofila.

Las hojas, frescas o secas, son un lugar particular para los ejercicios miméticos de los animales. Algunos pequeños habitantes del follaje usan el disfraz verde, pero los más hábiles imitan los contornos y las nervaduras de las hojas, se hacen hojas entre las hojas. Al «*Alles ist Blatt*» responden: somos hoja también nosotros. La mariposa *Kallima*, pero cuando abre las alas en vuelo exhibe en la cara superior los colores vistosos y los alegres ojos de Madame Butterfly. Imitaciones perfectas son ofrecidas por las mariposas *Phyllium*, por algunas langostas de antenas largas y una mantis tropical americana. Las mantis presentan expansiones laminares en las patas y en el cuerpo, hasta el punto de parecer ramilletes de hojas. Las langostas, para hacer más verista su truco, lo completan con erosiones y manchas en el limbo como si estuviera atacado por hongos.

Por lo general, los imitadores de hojas copian hojas secas o sus pedacitos, y se esconden en la triste alfombra de otoño, donde las hojas se parecen todas en el retorno a la tierra. Un pececillo sudamericano con aspecto de hoja se deja arrastrar por la superficie del agua, como las hojas muertas que el río transporta hasta la desembocadura.

El mimetismo es uno de los temas preferidos por los neodarwinistas para demostrar la astucia animal, en apoyo del utilitarismo contrapuesto a la belleza. Los mimos renuncian casi a existir con tal de existir. En ellos se realiza lo contrario de la autopresentación de Portmann. Los mimos se autocancelan. Que esto les sea útil en términos de supervivencia es plausible, pero al animal le hace falta también hacerse reconocer, atraer o atemorizar, expresarse. Por lo que sé, no existe ninguna demostración de que los mimos sean mutantes de sus hermanos payasos. Al contrario, algunas formas de mimetismo son las pruebas más evidentes de modificación del aspecto con igualdad de ADN, con igualdad del «yo». Los animales que se emblanquecen al caer de las nieves y se oscurecen cuando el blanco manto se derrite en primavera demuestran que el traje mimético es hijo del frío y no de variaciones genéticas. El conejo del Himalaya tiene un pelaje blanco y denso. Si se le afeita el pelo en un lado formando una palabra y se lleva al conejo al calor, el pelo vuelve a crecer escribiendo la palabra en color negro. Las dos vanesas que August Weismann quiso en su último retrato son genéticamente iguales, pero una tiene las alas rojizas y la otra amarillas por un efecto estacional directo.

Muchos animales que hacen uso de coloraciones miméticas, como los famosos camaleones, cambian de color en función del fondo, a veces después de unos días, otras de forma repentina. El camaleón orejudo del África oriental pasa del verde oscuro al verde pálido; el camaleón de Fischer se transforma sobre tonalidades marrones, del oscuro al claro. Los cefalópodos —sepias, calamares y pulpos— cambian de color repentinamente al pasar de un fondo a otro. La araña-cangrejo, posada sobre un ranúnculo amarillo, se vuelve de un color amarillo vivo; llevada a una violeta blanca se aclara.

Todas estas variaciones de color no tienen, evidentemente, nada que ver con las variaciones genéticas. Son operaciones fisiológicas que los animales realizan actuando sobre algunas células superficiales que contienen pigmento negro granuloso, la melanina. Al dispersarlo se oscurecen, al concentrarlo se aclaran. Otros animales disponen de pigmentos coloreados.

Por mucha astucia que podamos conceder a los animales miméticos, su equívoca astucia camaleónica tiene muy poco que ver con la variación genética. Solo los tan discutidos experimentos sobre la polilla de los abedules sugieren una adaptación genética a corto plazo, y es triste, muy triste, que se hayan convertido en el paradigma de una fenomenología que, en cambio, es el ejemplo más evidente de cómo pueden variar de color y de aspecto los animales sin comprometerse en el largo, precario y letal itinerario genético.

Más compleja es la interpretación de los camuflajes que requieren la copia de formas elaboradas. Algunos animales pueden aplastarse sobre los fondos, hacerse una bola, estirarse, pero otros nos sorprenden por las formas precisas que copian minuciosamente y de manera estable.

Un extraño orden de insectos, cercano a los coleópteros, ha sido llamado «fásmidos» (fantasmas) para indicar su capacidad de permanecer invisibles para nosotros imitando las formas y los colores de los árboles donde se posan. Los ingleses les llaman *stick-insects* (insectos-palo) o *leaf-insects* (insectos-hoja). Tomados como ejemplo de adaptación mimética, estos insectos furtivos se han vuelto embarazosos cuando los paleontólogos se pusieron tras sus huellas fósiles y los encontraron donde no debían estar. Cómo llegaron al mundo estos insectos fantasma, estos increíbles imitadores de hojas y de palos ha permanecido como un misterio, un enigma científico. La interpretación utilitarista corriente querría que ellos, aún disímiles de verdes páginas foliares y de ramitas secas, se hubieran mezclado con las hojas y ramitas de las plantas y, a través de mutaciones y más mutaciones, hubieran llegado a parecerse a su fondo, hasta alcanzar los modelos perfectos que hoy vemos (más bien, que no logramos ver) sobre nuestras plantas. Los astutos imitadores, por desgracia para ellos y para la teoría, no logran beneficiarse de su mimetismo y son presa de sus enemigos, que se percatan fácilmente de su presencia (G. Montalenti). Pero las sorpresas más imprevisibles han venido de la paleontología. Los fósiles más antiguos de los fásmidos que se remontan al terciario (ámbar del Báltico), es decir, hace unos 50 millones de años, son «idénticos» a las especies actuales que, por lo tanto, no han conocido gradaciones. Procederían de los Cresmodidae del Jurásico Superior alemán, cuyos fósiles se encuentran en yacimientos de alrededor de 150 millones de años. Los fósiles más antiguos de insectos palo u hoja (protofásmidos) se remontan a eras todavía más remotas, a los 250 millones de años del Pérmico (Paleozoico). Se podría sugerir que los insectos realizaron el recorrido para asemejarse a las hojas con extrema gradualidad, partiendo de épocas antiquísimas. Pero algo no encaja en este cuadro. Las plantas con hojas y flores (fanerógamas, latifoliadas) aparecieron sólo en el Cretácico, es decir, hace unos 100 millones de años, mucho después de la aparición de los primeros fásmidos. Esta anomalía cronológica, que invierte los tiempos y pone a los imitadores antes y a los objetos imitados después, ha desconcertado a entomólogos y paleontólogos. En el «Gran Libro de la Naturaleza» de Fritz Kahn (Hoepli, 1954) el autor declara que debe haberse producido un error: ¿Cómo podía el insecto-hoja ser más antiguo que las latifoliadas, que tomó como modelo? Y sin embargo, la preadaptación es un principio fundamental del neodarwinismo.

¿Sobre qué otra cosa podría actuar la selección natural?

Excluida la mímesis se debe reconocer a los fásmidos una tendencia a laminarse y a convertirse en una rama seca, expresada en la forma de insectos y después, igual e independiente, en la de los vegetales. ¿Quién sabe si los fásmidos no se detienen entre hojas y palos confundiéndolos consigo mismos?

Los entomólogos que he consultado prefieren pasar de puntillas sobre los fásmidos. Los Cresmodidae (150 millones de años) han sido rebajados a dudosos antepasados, mientras que los protofásmidos han sido excluidos por completo de su filogenia: exclusión que, sin embargo, no cambia el cuadro. Había insectos hoja e insectos palo —insectos fantasma— más de cien millones de años antes que las hojas y los palos. «*Es un poco como si se hubiera descubierto* —escribió R. Lewontin— *que las vías, estaciones de ferrocarril, andenes y cabinas de control hubieran existido durante mil años antes de que se inventara el tren*».

Lewontin adopta la metáfora para comentar otro descubrimiento, todavía más increíble, que desmiente el lugar común según el cual cada órgano de cada organismo representa la «solución» evolutiva a un «problema» de supervivencia. Se refiere a un trabajo publicado por C. Labandeira y J. Sepkoski en la revista *Science* el 18 de julio de 1993. La investigación se refiere a los aparatos bucales de los insectos. Estos presentan una grandísima variedad de formas y de funciones. En su minuciosidad escapan al observador, pero si se nos presentaran grandes como hocicos de perro, se abrirían horribles bocas de monstruos o de máquina, aunque el alimento les sea ofrecido por la gracia de las flores. La boca del insecto es cuádruple y está constituida siempre por las mismas partes: el labio superior, las mandíbulas, las maxilas y el labio inferior, entre las que a veces se insinúa una faringe prominente. En los insectos masticadores, como langostas, cucarachas y escarabajos, las maxilas y el labio inferior son pinzas robustas, compuestas de diferentes partes (cardo, estipe, lobo externo, lobo interno, palpígero y largos palpos articulados). En las moscas predomina el labio inferior, ornamentado con amplios labelos, apto para succionar cualquier líquido y a veces alargado y endurecido para penetrar. En la boca lamedora de las abejas, lamedoras de néctares, los lobos maxilares y los lobos labiales se alargan y se hacen prominentes formando una espátula. En las mariposas los lobos se alargan enormemente y se unen para formar una probóscide enrollada, o espiritrompa. En las chinches de las plantas las maxilas se transforman en cuatro estiletes pilosos y se alojan en el labio inferior convertido en un rostro alargado que hace de funda para los cuatro puñales.

Para reconstruir la historia de los aparatos bucales, Labandeira y Sepkoski han examinado los fósiles de más de 1200 familias de insectos. Se esperaba que estos empezaran a diversificarse después de la expansión de las plantas florecidas, que proponían los «problemas» para los cuales los insectos debían encontrar «soluciones». Pero las plantas con flores se expandieron en los últimos 100 millones de años, mientras que los insectos han aumentado su diversificación a partir de hace 320 millones de años, y sus familias aumentaron exponencialmente en número durante los primeros 150 millones de años de su existencia. Desde esta época el aumento de variedades de insectos se ralentiza hasta casi detenerse precisamente en el momento en el que empiezan a aparecer las plantas con flores. El 85% de las familias de insectos existían ya desde hacía millones de años antes de que las primeras flores florecieran.

El insecto establece con su flor una relación predominantemente bucal. Los dos investigadores han profundizado en el estudio de las partes estructurales del aparato bucal de los insectos fósiles y vivientes. Su conclusión: prácticamente la totalidad (más del 95%) de las conformaciones de las partes que componían la boca de los insectos estaban presentes antes de la aparición de las plantas con flores.

¿Cómo pudieron entonces aquellos aparatos complejos y delicados encontrarse allí millones y millones de años antes de entrar en funcionamiento? No nacieron como una solución de uno o mil problemas, no nacieron por adaptación ni fueron elegidos por la selección natural. ¿Qué otro cuadro se puede ofrecer para dar sentido a esta historia invertida, a esta inversión de los tiempos?

A mi me parece que este asunto es un punto de ventaja de la idea de que la realidad viviente es un ejercicio sobre lo posible, y que en este vago e inútil pasatiempo ella ha exhibido, mientras pasaban millones de años, casi todo su repertorio, listo para hacerse útil, pero también para permanecer inutilizado, para hacer alarde de sí y de las maravillosas habilidades plásticas de la vida. ¡Pero estos insectos tenían que comer, durante cientos de millones de años, entre musgos, helechos, cicadáceas o coníferas, en el imperio de los grandes reptiles! Comieron, con cuchillos, cucharas y tenedores mucho más ricos y suntuosos de lo que sus magros y leñosos alimentos exigían. Y cuando llegaron los alimentos perfumados, los manteles coloreados, los grandes banquetes, casi toda la cubertería bucal estaba lista, la vanidad de los insectos finalmente satisfecha. Todavía hoy, apostaría, muchas partes de los aparatos bucales, podrían variar sin daño alguno, aunque ocupadas en tantos compromisos, desde hace algún tiempo muestren menos fantasía. Las plantas florecidas han invadido todo el espacio morfológico en el que encontraron bocas que saciar, como posaderos que preparan mesas adaptadas a las costumbres y gustos de los clientes.

A alguna señora que ha colgado su abrigo en la pared del local se ha encontrado con dificultades a la salida. Le ha pasado que este tuviera una estructura y color tan similar a los del empapelado que se confundía con el fondo, como hoja entre hojas.

16

Las raíces sumergidas de los seres vivos

«AUJOURD'HUI, *près d'un demisiècle après la parution dell'encyclique* (Humani Generis, 1950) *des nouvelles connaissances conduisent à reconnaître dans la théorie de l'évolution plus qu'une hypothèse*[1]». Así reza el mensaje papal en la asamblea Plenaria de la Academia Pontificia de las Ciencias (1986).

Yo pienso que un hecho natural se convierte en científico sólo cuando está sustentado en una sólida teoría. El eclipse de Luna permanece como un episodio mítico mientras que representa a un dragón que devora a la reina de la noche o a Zeus tragándose a Metis. Se convierte en un hecho científico cuando lo leemos astronómicamente como el paso de la Luna por el cono de sombra de la Tierra. La teoría permite innumerables predicciones y cálculos que podemos verificar. Una teoría —continúa el Papa— está constantemente medida por el nivel de los hechos. «*Là où elle cesse de pouvoir rendre compte de ceux-ci, elle manifeste ses limites et son inadaptation. Elle doit alors être repensée*[2]».

---

[1](**N.d.T.**): «*Hoy, casi medio siglo después de la publicación de la encíclica* (Humani Generis) (1950), *nuevos conocimientos llevan a reconocer en la teoría de la evolución algo más que una hipótesis*»

[2](**N.d.T.**): «Allí donde deja de poder dar cuenta de ellos, manifiesta sus límites y su inadaptación. Entonces debe ser repensada».

La teoría darwiniana se funda en el hecho de que una forma viviente pasa gradualmente a otra, o gradualmente desemboca en formas divergentes, cuando se descompone en ambientes distintos. A estos hechos nadie ha asistido jamás, pero la teoría prevé algunos resultados de estos procesos. Entre los diferentes fósiles la teoría imagina una cantidad de «formas intermedias» que proceden en abanico a lo largo de millones de años. Entre las moléculas, prevé alteraciones (mutaciones) adaptativas en serie, que nos den cuenta de las diferencias morfológicas. Probablemente, estas últimas son los conocimientos del último medio siglo a los que alude el Pontífice.

Quisiera advertir al Santo Padre que ha sido mal informado. La biología molecular ha certificado la unidad de los seres vivos pero, más allá de esto, ha defraudado la expectativa central de la teoría: la explicación molecular de la diversidad. Somos morfológicamente muy diferentes, citológicamente similares y bioquímicamente iguales. Es cierto que cuanto más lejanas son las formas vivientes, más diferencias moleculares han acumulado, pero estas diferencias no tienen nada que ver con las formas. Ninguna molécula de la almeja tiene algo más marino o más molusco que la equivalente en el caballo.

Ninguna molécula de murciélago es más voladora o peculiar que la de la ballena. Estas alteraciones son el resultado de una historia neutra que ha desgastado los mensajes sin cambiar su sentido. Las diferencias morfológicas yacen en otro diván.

Durante miles de años la vida permaneció microscópica y unicelular. En un período geológicamente breve, como por encanto, las formas de la vida aparecieron una junto a la otra, en todos los «tipos» morfológicos —o phyla— que seguidamente poblaron la tierra. Se calcula que esto sucedió hace medio millón de años. Desde tiempos inmemoriales ningún «tipo» ha aparecido más ni ha desaparecido. Protozoos, poríferos (esponjas), celentéreos (hidras y anémonas de mar), moluscos, anélidos (gusanos) artrópodos (insectos, crustáceos), equinodermos (erizos y estrellas de mar) y, poco después, cordados (nuestro phylum) y otros tipos menores que aparecieron en el período cámbrico. Por debajo de ellos ningún fósil que pudiera haberlos generado. Esta «explosión de vida» fue demostrada por Roderick Murchison (1830-1840), entre veinte y treinta años antes de *El Origen de las Especies* de Darwin (1859), quién, honestamente, no sabía cómo explicárselo. «*No encuentro una respuesta satisfactoria a la pregunta de por qué no se encuentran depósitos fosilíferos pertenecientes a estos presuntos períodos primitivos, anteriores a la época cámbrica*» (Darwin, 1872). Y la respuesta, hasta el día de hoy, no ha sido dada.

Esto quiere decir que la vida animal no nació en la desembocadura de un delta, por una transformación gradual y distinción de formas, es decir, con el mecanismo darwiniano, sino como un inmenso coro, en un escenario que recuerda a los cataclismos de Cuvier.

Desde el origen de la vida multicelular la Tierra fue poblada por tantas especies como las que hubo después (Raup) y ha asistido atónita a esporádicas nubes de sustitución. El mundo viviente se formó por «explosiones concertadas», en áreas difusas, por «revelación» de formas inexpresadas y no por invenciones locales y su difusión geográfica.

La explosión de los tipos no es una pequeña charada irresoluta en la página de la Esfinge. Precisamente se trata de todo lo contrario de lo que el mecanismo gradualista darwiniano podía prever respecto al origen de las formas animales. Sin embargo, no parece que los evolucionistas se hayan preocupado demasiado. La teoría de la adaptación se adapta a todo.

Los artífices de la teoría, «los neodarwinistas» o «seleccionistas», eran genetistas y bioquímicos, que de la historia de la tierra sabían poco y tampoco se interesaban. Su mundo se lo habían forjado en el laboratorio o en la probeta y pensaban más el modo de transformarlo que de entenderlo. Como hace a menudo la ciencia, ellos pretendieron que sus pequeñas astucias de laboratorio fueran los medios usados por la inteligencia de la naturaleza para construir una biosfera que ellos juzgaban pletórica. Casi se enorgullecen de no distinguir un abeto de un alerce, un corzo de un rebeco. Porque en su teoría juega un papel decisivo el azar, poco importa cómo han ido las cosas realmente. Podrían haber ido de manera completamente diferente. Como números de lotería. He escuchado este chiste: un científico apuesta con el pastor sobre el número de ovejas del rebaño y se gana una oveja. Coge en brazos con satisfacción al animal, pero el pastor le interrumpe: ¿Es usted biólogo molecular? — ¿Cómo lo sabe? — ¡Deje al perro!

El tipo (o Subtipo) de los Vertebrados se ha presentado dividido en Clases, entre las cuales son bien conocidos los Agnatos (lamprea), los peces Cartilaginosos (tiburones), los Peces Óseos, los Anfibios, los Reptiles y los Mamíferos (Aloterios y Pantoterios). Todos los intentos de demostrar una derivación de los más recientes a los más antiguos y de encontrar formas intermedias, han tenido un éxito pobrísimo y los tan buscados «eslabones perdidos» todavía faltan.

Cuando, en los años 60, la evolución fue tomada a cargo de los bioquímicos, se dedicaron rápidamente a la irresistible pasión de los evolucionistas: construir el gran árbol genealógico de la vida, esta vez sobre una base molecular. En 1969 M.O. Dayoff afirmaba que «*un árbol construido de este modo tiene la misma topología que se ha derivado de las convencionales consideraciones morfológicas*». En cambio, el árbol estaba lleno de incongruencias. Yo mismo me perdí, con mi mujer Isabella, elaborando los mismos datos sobre los que Dayoff basaba sus afirmaciones, que conciernen a las variaciones de la molécula (100 aminoácidos), en el citocromo «c». Examinamos las secuencias de la proteína en la lamprea, en el tiburón, en la rana, en la tortuga y en el emú (un avestruz australiana), en el caballo, en el macaco, y en la serpiente de cascabel. La conclusión (*Riv. Biol.*, 1987) fue que los datos eran incompatibles con la hipótesis (la llamamos la «hipótesis nula») de que los citocromos de todas las clases derivaban sincrónicamente de un mismo progenitor molecular, sin orden de precedencia. Mamíferos, Aves, Tortugas, Anfibios, Escualos y Lampreas resultaron ser hermanos separados, sin que uno hubiese llegado antes que el otro ni fuera ascendente del otro. Solo había algunas rarezas: los primates (nuestro orden) habían hecho un largo tramo de camino junto a las serpientes. Las aves estaban emparentadas con las tortugas y el tiburón con la lamprea. Otros autores habían percibido las mismas anomalías. El curioso parentesco del hombre con la serpiente suscita una cita bíblica. Parecen hijos de un huevo de ángel. La serpiente, privada de miembros, ha sido condenada a arrastrarse, en el mismo episodio en el que el hombre fue condenado a sudar por su sangre caliente, la mujer a parir y los tres a perder las alas.

El hecho más embarazoso surgido de las comparaciones moleculares fue que todas las diferencias observables entre proteínas homólogas en las diferentes clases habían resultado «neutrales», es decir, sin influencia sobre funciones y formas. El citocromo «c» del pollo funcionaba perfectamente en las espinacas. Nadie había encontrado mutaciones a las que se les pudiera atribuir la diferencia entre el hombre y el macaco, ni siquiera la existente entre el pollo y las espinacas.

Volviendo a los documentos paleontológicos, es decir, a los fósiles, la aparición de los mamíferos modernos (Euteros) es el ejemplo más impresionante de explosión concertada. Los más de veinte órdenes de mamíferos aparecieron prácticamente todos juntos, al inicio del Cenozoico, alrededor de hace sesenta millones de años. Los primeros en aparecer en los registros fósiles fueron los primates y los insectívoros, seguidos después por los roedores, carnívoros y ungulados, para terminar con los cetáceos, sirenios, proboscídeos y herbívoros. Casi todos aparecieron en la docena de millones de años del Paleoceno, después de más de cuatrocientos millones transcurridos desde el origen de las formas animales. Los paleontólogos se encuentran en grandes dificultades para descubrir formas intermedias entre los reptiles y los mamíferos y no logran imaginar ninguna gradación entre los diversos órdenes de mamíferos, que incluyen seres tan diferentes como el murciélago y la ballena, como el ratón y el elefante.

Nadie ha encontrado nunca al «semimurciélago» o la «casi ballena» y nadie ha logrado nunca imaginar el ascendente común del bestiario fantástico constituido por los órdenes de los mamíferos. El árbol genealógico que conecta formas gradualmente variantes y divergentes, que sería «el hecho» al cual el darwinismo ha ofrecido su revolucionaria explicación, este árbol no se encuentra. En cambio, se encuentran arbustos sin raíces, surgidos de la nada, pródigos en cien flores diferentes, que se asemejan pero no se conocen. Si se debe dar una madre pluripara, esta puede imaginarse como un ser diminuto y esquivo, que guarda todo en su interior y no expresa casi nada, una larva esquiva que reproduce su pálido poco a la espera de transformarse en la multitud variopinta de las formas.

Pierre-P. Grassé ha imaginado estas evanescentes Grandes Madres como formas arcaicas, generalizadas y no adaptadas, casi embriones fecundos. Si también los encontrásemos, no nos dirían nada sobre su destino, que se revela sólo después de las prodigiosas filiaciones, evocadas por quién sabe qué llamadas. Grassé las compara con un rizoma subterráneo, como estolones de fresa, del que brotan de vez en cuando rosetas de hojas. El fallo sumergido —línea de las madres— se propaga indemne porque no se expresa, se preserva porque se esconde, y cuando alcanza los nudos desde los que se irradian las formas, encuentra en ellas su gloria y su muerte.

Grassé representa la explosión de las formas afines como un verticilo de ramitas que se expanden del nudo de un tallo (la madre arcaica). La convergencia de los vástagos no implica que todos los tipos deriven de un único parto desgarrador. Larvas arcaicas hermanas podrían estar dispersas en un vasto territorio y convertirse en imágenes aquí y allá cuando el tiempo las llama. Como hacen las cañas de bambú, que después de numerosos años verdes florecen simultáneamente en todas las latitudes del mundo y mueren.

Recientemente, se ha desarrollado una técnica de rápida identificación de genes, conocida como EST (*Expressed Sequence Tags*) que permite pescar fácilmente genes activos en diferentes especies, tejidos o células. Datos obtenidos con este método han permitido comparar los ADN de organismos de muy diferente complejidad morfológica y posición sistemática. Una primitiva florecilla de mar, la *Acropora millepora* (celentéreo de la clase de los Antozoos), ¡presenta un alto porcentaje de genes activos homólogos a los humanos (de los vertebrados)! En los insectos y en los gusanos (nemátodos) esos genes están ausentes (R.D. Kortschak et. al., *Current Biology* 2003). De ello se deduciría que de la línea totipotente que genera al hombre (y al caballo...) se separó una sublínea, desprovista de genes vertebrados, destinada a gemar insectos voladores y gusanos que se arrastran. En referencia a la pregunta del Capítulo 6 («¿Por qué la mosca no es un caballo?»), diremos que la línea de las madres de la mosca se ha desvinculado de la del caballo, perdiendo un paquete de genes vertebrados.

En los mismos años en los que Grassé formulaba su modelo, Leon Croizat desarrollaba la «panbiogeografía», peregrinando por todos los continentes y explorando plantas y animales, vivientes y fósiles. Él identifica una fase en la que la forma arcaica vaga por lo ilimitado (movilismo). A continuación se descompone asentándose en áreas separadas (inmovilismo) entre las cuales pueden formarse barreras naturales. Los subgrupos aislados —ecológica o geográficamente— comienzan a desarrollarse de manera autónoma, y originan formas distintas que se asemejan entre ellas (vicariantes) pero no se conocen, y se separaron cuando aún se confundían en un arcaico indiferenciado. Así brotaron, sincrónicamente y perdidamente, en las praderas de los continentes australes, avestruces, emúes, ñandúes, casuarios y kiwis, y así los órdenes de los mamíferos: carnívoros, quirópteros, cetáceos, primates... Fuerzas internas comunes, reglas generales de desarrollo y variedad de hábitats los hicieron hermanos disformes.

Con pacientes exploraciones y revelaciones Croizat trazó líneas que unieran las diferentes expresiones de un mismo orden. Estas huellas (*tracks*) que atraviesan continentes y océanos infranqueables, son los senderos recorridos por las madres arcaicas sobre una tierra perdida, antes de la deriva de los continentes, en otra historia y en otra geografía.

Exploradores de las formas de los mitos humanos, Giorgio de Santillana y Hertha van Dechend (*El molino de Hamlet*) siguen las huellas de la leyenda de Hamlet, en un recorrido vertiginoso que va desde Shakespeare a Saxo Grammaticus, de los *Edda* al *Kalevala*, a la *Odisea* y a la epopeya de Gilgamesh, vagando de Mesopotamia a Islandia, de la Polinesia al México precolombino. El mismo mito, con los mismos elementos, ha sido narrado, en lenguas diferentes, entre pueblos que nunca se conocieron. No nació en una región para luego difundirse, variando gradualmente, en ambientes distintos. Todas las versiones son, en su medida, originales. Concluyen los autores: «*...la vida originaria del pensamiento se abrió un camino en la oscuridad, ramificó en la profundidad de sus raíces y de sus zarcillos, hasta que la planta viviente no salió a la luz bajo diferentes cielos. A medio mundo de distancia, fue posible descubrir un viaje igual de la mente...*».

Todas estas representaciones se oponen a la idea de formas adultas que, paso a paso, acumulando «errores de copia», se transformen en formas derivadas, desplazándose por migración. La leyenda de un pequeño roedor que se convierte gradualmente en oso y luego en ballena, es decir, la vulgata del darwinismo, sigue un recorrido superficial que une formas adultas a través de intermediarios inencontrables. Ernst Haeckel alineó una serie de fantasiosas formas animales, haciendo de cada una el feto de la siguiente, y ofreció tal secuencia como recorrido de la evolución enunciando su conocida ley: «La ontogenia recapitula la filogenia».

Los «rizomas» de Grassé, como los «*tracks*» de Croizat, reclaman las «líneas germinales» de Weissmann. El biólogo alemán afirma que el polluelo no es hijo de la gallina, sino que ambos son vástagos laterales de la misma línea germinal. El francés niega las filiaciones entre las clases de un mismo tipo o los órdenes de una misma clase y los considera hermanos que irradian desde un mismo estolón. El evolucionismo turinés, de la escuela de Rosa y de Croizat, postulando evoluciones paralelas, adopta una representación del mismo género.

Entre formas afines no hay otro enlace que el viático común transmitido por una madre errante, y cada una lo interpreta a su manera, extrayendo de la totipotencia materna su diseño especial.

La línea que une a la gallina y el polluelo está fuera del tiempo de la vida: son contemporáneos y hermanos. Pero también aquellos que unen al anfibio y al reptil, a la ballena y al murciélago, al avestruz y al emú, están fuera del siglo y corren en un tiempo propio ajeno a nuestra vejez.

Los hermanos de radiación son todos coetáneos y contemporáneos, y entran en el tiempo cuando comienza su desarrollo mundano. La legalidad que expresan está fuera de la vida. Ella prescribe las formas a la historia, que las elige del inventario de lo posible, vasto pero limitado.

El modelo darwiniano es una historia mundana, en la que todo cambia sin que jamás suceda nada; hay en él toda una pasión por el cambio, por el devenir, por el crecer, es decir, por el recorrido entrópico que conduce a la muerte. Como la larva se metamorfosea en insecto o el embrión en adulto, así las formas vivientes pasarían una a la otra en función de las ramificaciones del gran árbol de la vida.

En realidad las metamorfosis de los seres vivos son fenómenos aparentes. Cuando el gusano deja paso a la mariposa (imago), no transforma sus torpes patas en ligeras páginas voladoras. Encerrado en la pupa, el gusano simplemente se descompone y permanecen vivas algunos grupos de células embrionarias, los «discos imaginales», que forman *ex-novo* la mariposa, como un hermano superpuesto al gusano sacrificial.

En la jerga común se usa la metáfora de la sangre para significar la continuidad de la estirpe. Según la embriología más reciente, la sangre es un tejido que no se continúa. Sus células son producidas por «islas sanguíneas» extraembrionarias que envían al torrente células especiales para establecer cabezas de puente en los tejidos generadores de sangre (hematopoyéticos): hígado, médula, bazo y timo. Estas células «madre» (*stem cells*) son pluripotentes y permanecen durante toda la vida de adulto, especialmente en la médula ósea. Luego se ramifican en tres líneas madre derivadas diferentes, que producirán glóbulos rojos, blancos y linfocitos. Líneas de células madre específicas se encuentran también en otros tejidos, como el hígado y el cerebro, dispuestas a madurar en células adultas. Las líneas madres perpetúan en el organismo individual la modalidad de aparición de las Clases o de los Órdenes a partir de los «rizomas» de Grassé. El problema de las influencias que convencen a una línea madre pluripotente a hacerse glóbulo rojo, blanco o linfocito es el mismo problema de cómo un «rizoma» pluripotente se convirtió en ratón, ballena o murciélago.

Las líneas madre llevan a las fuentes, además de las patentes para las herramientas, contienen los diversos mapas arquitectónicos de las formas. Más allá del ADN universal, un complejo de regímenes de coherencia físicos, «*something rich and a strange*», que produce la diversidad.

El misterio de la evolución es cómo sucede que un cortejo de humildes peregrinos decida fundar de improviso, a lo largo de su camino, varias ciudades. Cada una tiene sus formas y sus usos. Como los órdenes de los mamíferos. Estos tienen, en su unidad de fundación, patas para trotar en la llanura, o bien alas para revolotear de noche, aletas para sumergirse en los mares, brazos para trepar por los árboles y mente para filosofar.

¿De verdad se pudo pensar en explicar toda esta alegre e inconmensurable variedad con el libro de cuentas de la naturaleza? El pobre filósofo, el más indeterminado entre los primos, imagina ideas guardadas fuera del siglo, convocadas a manifestarse en el tiempo mundano. En las sonoras catedrales de su ciudad se cantan los himnos del misterio y de la revelación. Y se recuerda a alguien que descendió al templo a «volcar las mesas de los cambistas» (Mt. 21,12).

17

Conclusión

A MODO DE CONCLUSIÓN de esta obra, que rechaza la Teoría del Azar y de la Adaptación, que atenta contra el último rey de la dinastía de Darwin, cabría esperar que se propusiera una nueva teoría, que un nuevo rey fuera proclamado. Lo que esta obra trata de testimoniar es, en cambio, la vanidad de la idea de que la Biología tenga el cometido de proporcionar una Teoría Única, una Biblia Laica para un siglo sin religión. La biología de los últimos lustros, nos parece, se está desplazando de la épica narrativa, de la *Summa Theologica* al ensayo, de la historia a la topología. Aunque se haya afirmado el tránsito del paradigma selectivo al paradigma generativo (con muchas buenas razones), lo que está ocurriendo es más bien el ocaso de los paradigmas.

No estamos frente a una revolución científica (*a lo Kuhn*): muerto un tirano, parece escucharse el alzarse de muchas voces, liberadas de la sumisión de la voz del amo. En un momento de alegría, que coincide con el fin del siglo, esperamos saludar el advenimiento de una biología de múltiples rostros, más bien de muchas biologías. No hay ninguna necesidad de homologar al estudioso de la danza de las mariposas con el teórico de los orígenes de la vida, el geómetra de las formas con el bioquímico molecular. Siglos de ciencia han dado respuestas a problemas tan abstrusos que nadie, desde fuera, imaginaba que existieran. Se han quedado sin respuesta problemas más inmediatos y otros tan obvios que nadie se había dado cuenta de que contenían enigmas.

Nos espera entonces la tarea de devolver forma de problema a lo consuetudinario, a lo antiguo y a lo macroscópico. Ahora que hemos aprendido de los bioquímicos que el elefante y su pulga son esencialmente iguales, bienvenida sea la ciencia que nos explique la diferencia.

No son la especie y sus formas las que producen sentido, en cambio es un sentido pervasivo y ultramundano el que recluta las cosas y dispone las formas, y está antes que ellas. Nos parece, y no sabríamos cómo dar cuenta del mismo mundo de otra manera, que los resultados finales, las formas concluidas —el cristal, el león, la rosa— evocan los procesos que las producen. La estereoquímica de los cristales, la genética de las poblaciones y el análisis macromolecular no anticipan ni permiten prever la realidad que vemos. El mundo es como la obra del artista, y no está en la tela, en los pinceles ni en los colores, sino en una imaginación total que se sirve de estos instrumentos. Cuando muere el gran artista, entra en escena la obra del tiempo que agrieta las telas, y los restauradores que reparan o descartan la obra declinante. Pero no son ellos —la mutación, la reparación o la selección— quienes hacen el mundo.

Volvamos entonces a admirar la silueta y los vuelos de los pájaros, el alarde discreto o festivo de las flores, los juegos de las nubes, la figura, la danza y el canto de la mujer, porque ellos son la sabiduría y la belleza incansable del mundo. Cada vuelo de pájaro y cada flor que se abre, al regreso de la estación merece su propio asombro, como la llegada de la amada para el enamorado o la palabra para el poeta.

Apéndice

La historia y lo eterno

Aunque no sea un libro que pueda calificarse como científico la Biblia comienza con una teoría acerca de los orígenes del mundo.

— *Giorgio de Santillana, 1961*

EN EL CURSO DE LAS EDICIONES precedentes de este libro he evitado cuidadosamente abordar la problemática religiosa, limitándome a afirmar que no soy «creacionista». En este apéndice a la tercera edición, añadiré algunas consideraciones en torno a la relación entre el *Génesis* bíblico y las teorías evolucionistas, no para buscar una contraposición entre ellas, sino más bien una conexión. Como lector profano de la Biblia, me he formado la opinión de que, a diferencia de las cosmogonías míticas asirio-babilónicas, egipcias y griegas, el primer capítulo de la Biblia, donde se narran las épocas del mundo, es un relato histórico-naturalista. No aparecen en él monstruos o cataclismos, luchas entre dioses y colapsos épicos. El evolucionismo neodarwiniano, en mi opinión, es el mismo relato lineal, del que se ha expulsado a Elohim (el Señor).

Evidentemente existen diferencias de lenguaje entre ambas narraciones, así como de completitud y de orden cronológico, pero el cuadro general es, sin embargo, el mismo y el tono de ambas es el de la novela o de la operación tecnológica. Después del origen del Universo de la nada (*Fiat lux!, big bang*), se produce, en ambas «teorías», un periodo de separación de los elementos, y después un asentamiento geológico, entonces la emergencia sucesiva de las diferentes formas de vida. El nacimiento del hombre sirve como *happy end.* Es reseñable que en el *Génesis* 1 (16-18) no se mencionen el sol y la luna, para evitar citar el nombre de divinidades egipcias o mesopotámicas, y su creación se describa simplemente con: «*Hizo Dios los dos grandes luminares*» (1,16).

En el *Génesis* los seres vivos aparecen en este orden (comparado con las épocas de su aparición según la moderna paleontología).

- 1,12 hierba y árboles Siluriano (350 millones de años)
- 21 animales acuáticos Ordovicico (400 millones de años)
- 21 aves Jurásico (200 millones de años)
- 22 reptiles Carbonífero (300 millones de años)
- 22 rebaños y animales Triásico (220 millones de años)
- 27 hombre y mujer Pleistoceno (3 millones de años)

La diferencia fundamental entre la serie bíblica y la evolutiva no está tanto en el orden de aparición de las clases (la secuencia bíblica parece esencialmente una cadena alimentaria: plantas, peces rebaños, animales, hombre), como en la circunstancia de que, negando una intervención externa, el científico puede explicar la aparición sucesiva de las formas recurriendo a la hipótesis del Desarrollo (metamorfosis) de los seres vivos de un «día» a partir de los de un día anterior, y esta es, precisamente, la solución que ha tomado la vía evolucionista. Esta fue aceptada explícitamente, en la segunda mitad del siglo XX, por el magisterio de la Iglesia (a excepción del origen divino del alma humana), que la prefirió a la creación bíblica. En un escrito de 1969, el papa Juan Pablo II admite que, si se demuestra el Desarrollo, la fe en la creación se hace «insostenible». Juan Pablo II será todavía más explícito declarando, con una cierta sorpresa para los fieles, que «*nuevos conocimientos conducen a no considerar más la teoría de la evolución como una mera hipótesis* (1996)».

El «Desarrollo gradual» de una forma en la sucesiva fue el caballo de batalla de Darwin, que el naturalista inglés cabalgó con excesiva audacia. Escribió uno de sus críticos, Adam Sedwick (1860), que «*en algunos raros casos, Darwin muestra una maravillosa credulidad. Él parece creer que un oso blanco (...) podría transformarse con el tiempo en una ballena; que un lemur podría mutar fácilmente en un murciélago; que un tapir de tres dedos puede ser el bisabuelo de un caballo*». La prueba de estas transformaciones debería haber sido fruto del hallazgo, por parte de los paleontólogos, de formas fósiles intermedias entre las clases aparecidas más antiguamente y las más recientes. Pero estos «eslabones perdidos» no se han encontrado nunca. El mismo Darwin tuvo que reconocerlo, atribuyendo esta ausencia a la incompletitud de la documentación fósil. Pero incluso allí donde la documentación se había vuelto exhaustiva, los pasos intermedios no han aparecido, más bien «*muchas de las discontinuidades tienden a hacerse más marcadas a medida que las colecciones de fósiles aumentan*» (N. Newell, 1959). El fundador de la paleontología y de la anatomía completa, el francés Georges Cuvier (1719-1832), fue el primero en demostrar que la Tierra había albergado en épocas pasadas formas animales ya no existentes. Pero con firme convicción afirmó que las especies existentes no derivaban del Desarrollo de las desaparecidas. Fue acusado por sus críticos de «creacionismo», aunque protestaba: «*Yo no pretendo en absoluto que haya sido necesaria una nueva creación para producir las especies existentes*».

El error de Darwin, y de sus sucesores, fue entonces el de considerar que una forma especializada pudiera transformarse en otra. La Iglesia se ha mostrado demasiado apresurada al aceptar esta Evolución en obediencia a un Desarrollo que la paleontología no había podido demostrar todavía. Hoy sabemos, y da fe de ello el gran zoólogo francés P.-Paul Grassé, «*un phylum que ya ha tomado un camino no puede ya salir de él*», por lo que el Desarrollo progresivo de los tipos es una hipótesis no verificada. La idea de una evolución por saltos está ganando terreno.

Mientras que la Parentela molecular, demostrada por el desciframiento del ADN de muchas especies, concuerda con la hermandad universal de las formas, el Transformismo darwiniano resulta una enmienda a la Biblia no corroborada por la observación. Las modificaciones observadas por Darwin en los corrales de los criadores de ganado o en las islas tropicales eran un modelo mundano y secular, y no revelaban nada sobre las vicisitudes de los seres vivos en la inmensidad del tiempo cósmico. El corazón del mundo viviente late cada millón de años.

Viniendo a la forma humana, el *Génesis*, la medieval «escalera de la vida», Darwin y el moderno evolucionismo la sitúan en la cúspide de la cadena de los seres vivos. El hombre anatómico se propone, en cambio, como «forma primera», allí donde razones religiosas o sociales la han ubicado como forma final. Desde el punto de vista genético-molecular, el hombre resulta, entre las hermanas simias, no el último *parvenu*, sino la especie original. «*El Peter Pan entre los primates*», lo definió el biólogo molecular Alan Templeton, es decir, «*el niño que no quería crecer*» (cfr. Cap. 7). Cuando fue posible estimar el número de genes presentes en el núcleo de numerosas especies, el hombre resultó tener poco más que un insecto, tantos como el *Caernorhabditis elegans*, un pequeño gusano con apenas mil células y de un milímetro de longitud, poco menos que el ratón. No había espacio, en su ADN, para su genio.

En conclusión, la paleontología y la biología molecular no están en condiciones de apoyar ni la narración bíblica ni la evolucionista, y más bien demuestran que la nana de la vida tiene, detrás de la apariencia de la mutabilidad, los rasgos fundamentales de la Estabilidad. La lectura lineal, novelada y progresiva de la realidad viviente, escribe Henry Gee (2006), es entonces profundamente errónea. Ella, «*refleja por completo nuestros prejuicios, pero se adapta verdaderamente mal a los datos de la paleontología. El problema es que las novelas están ambientadas en tiempos breves, cotidianos, compatibles con la narración, mientras que la evolución se desarrolla en el tiempo profundo, ese ambiente particular marcado por millones de años, en el cual los fósiles son solo islas remotas, muy distantes las unas de las otras, vinculadas entre ellas por nuestras inciertas suposiciones*».

En el siglo IV a.C. (c. hace 2500 años, en los tiempos de la redacción del *Génesis* 1) estaban en curso un enfrentamiento filosófico entre *rhéontes* (los fluentes), discípulos de Heráclito, y *stasiôtai* (los estacionarios), discípulos de Parménides. Para Heráclito todo fluye, de manera que no es posible bañarse dos veces en el mismo río (y quizás ni siquiera una), y la guerra (el inglés *struggle for life*) es el padre de todas las cosas. Parménides narra que la diosa Reveladora le ha enseñado que la Verdad es inmóvil, más allá de la puerta, y solo la apariencia (Opinión) cambia. La misma contraposición reinaba en el siglo XIX entre transformistas y fijistas (con alguna aproximación geográfica, entre ingleses y franceses) y perdura todavía hoy. En cuanto a la física, Fritjof Capra, en su *El tao de la física* (1975), constata una relación entre los *Vedas* del hinduismo, los fragmentos de Heráclito y la sustancia filosófica de la teoría de los quanta y concluye que, al volver a proponer una concepción «mística» del mundo, de algún modo «*la Física vuelve a sus orígenes, a hace dos mil quinientos años*». La disputa que, en el siglo XIII, oponía la mística franciscana (San Buenaventura) al aristotelismo dominico (Santo Tomás), retoma el mismo contraste entre corazón y razón, y culminó en la conquista de la Universidad de Oxford por parte de los franciscanos y la de París por parte de los dominicos.

El enfrentamiento actual entre el Creacionismo y el Evolucionismo no revela una guerra entre partidos opuestos, sino un desenlace de antiguas disputas, en las cuales la Biblia y Darwin se encuentran en el mismo lado, en el de los fluentes, el de la técnica y de la historia progresiva.

Por otra parte, pacientes observadores contemplan eternos principios de orden e increadas formas primeras (*intelligent designs?*), que emergen entre los rompientes de la existencia, mientras el Universo «*comienza a parecer más un gran pensamiento que una gran máquina*» (Sir James Jeans).

Los evolucionistas no son los antagonistas del *Génesis*, son los herederos.

Biografía de un libro

ESTA SECCIÓN SUELE ESTAR DEDICADA a las expresiones de agradecimiento, que a menudo resultan un desagravio y un intercambio de cortesías que no interesan al lector. En cambio, yo haré un relato de aventuras, de encuentros y de amistades de los que soy deudor de esta obra.

Después de la experiencia de *Dopo Darwin* (1980), que me convirtió, contra mi naturaleza, en un caballero andante y después de las encendidas escaramuzas sobre la evolución que no me han enseñado nada, emprendí dos actividades — imprevistas e inopinadas. Estas imprimieron un giro en mi pensamiento científico, más allá de la rebelión contra las tonterías, las conjuras y los conformismos.

En 1979 fui elegido por Aldo Spirito como director de la *Rivista di Biologia* (fundada en 1919). La profesión de *editor* es una tarea gratificante, que te pone en contacto con el pensamiento ajeno, lo estimula, lo discute y te abre a una correspondencia intelectual, sin la obligación de tomar posiciones. Entre los colaboradores de la Revista conocí a un gran epigenetista sueco, Soeren Loevtrup, que me abrió el mundo anglosajón y un genial genetista japonés, Atuhiro Sibatani (después rector en Kioto), que me reveló el mundo biológico oriental. Ambos se convirtieron en vicedirectores y en mis consejeros. Loevtrup me dio a conocer a Gerry Webster y Brian Goodwin, que colaboraron en la *Rivista* y de los cuales edité el libro sobre la forma biológica por Armando Armando (1988). Sibatani organizó en Osaka en 1986 un convenio internacional sobre «Estructuralismo en Biología», en el cual se reunió lo mejor de la «disidencia» al neodarwinismo. Allí conocí al sistemático australiano Hugh Paterson, al matemático francés René Thom, con el cual forjé una amistad, a la extraordinaria investigadora china Mae-Wan-Ho, al neozelandés David Lambert, al japonés Susumo Ohno y a Franco Scudo de Pavía.

Estos hombres, con sus ideas, con sus trabajos y sus recíprocas incomprensiones, me enriquecieron con un patrimonio de conocimientos que recorren todo mi libro. Sibatani me enseñó la arbitrariedad del código genético; Webster y Goodwin me introdujeron en el paradigma generativo y en el campo morfogenético; de Paterson aprendí el concepto de especie como sistema de reconocimiento; de Thom escuché la idea de la forma que atrae hacia sí a la especie; Ho me habló de sistemas coherentes y cristales líquidos; Ohno me introdujo a la música del ADN; Lambert me ayudó a desmentir la historia de la polilla de los abedules. Scudo me enseñó a distinguir entre Darwin y sus epígonos.

Los participantes en Japón formaron, en 1987, el «Grupo de Osaka para el estudio de la Estructura Dinámica», del que me convertí, junto con mi Revista, en *editor*. Posteriormente nos reunimos en Praga, en Cornualles (Gaia), en Moscú, en México, en Potsdam y en Francfort. En Moscú conocí a Lev Beloussov, representante de aquel gran pensamiento morfológico ruso, que la URSS había perseguido y Occidente había ignorado. La sección italiana del Grupo de Osaka, que se reúne cada dos años desde 1991 (Génova, Turín, Siena, Milán, Perugia), me ha permitido frecuentar lo más vital de la biología italiana — entre los cuales se encuentran algunos de mis iniciales opositores. Quiero recordar al biofísico Renzo Morchio, al botánico Silvano Scannerini, a los físicos Giuliano Preparata y Emilio Del Giudice y al zoólogo Michele Sará.

Un pensamiento agradecido va para mi mujer Isabella Spada, con la que he hablado a lo largo de la obra en desarrollo, a mi hermano Rutilio, que me ha sugerido algunas correcciones y a la fiel asistente perugina Isabella Borghesi, que me ha ayudado en la redacción final del manuscrito. Anna Petris ha revisado algunos capítulos.

Acerca del autor

Giuseppe Sermonti.

Giuseppe Sermonti (Roma, 21 de octubre de 1925 – Roma, 16 de diciembre de 2018) fue un genetista, ensayista y filósofo de la ciencia italiano, considerado una de las voces más originales y heterodoxas de la biología europea de la segunda mitad del siglo XX. Formado como biólogo, ocupó las cátedras de Genética en las universidades de Camerino, Palermo y Perugia, desarrollando una intensa labor investigadora en el campo de la genética de los microorganismos antes de convertirse en uno de los principales críticos del cientificismo contemporáneo y de la interpretación neodarwinista de la evolución. En 1980 asumió la dirección de la prestigiosa *Rivista di Biologia/Biology Forum* y fue vicepresidente del XIV Congreso Internacional de Genética celebrado en Moscú. En 1987 participó en la fundación del grupo de los Estructuralistas Dinámicos de Osaka, y en 2004 recibió el Premio de la Vicepresidencia del Consejo de Ministros de Italia para la Cultura, en el ámbito de la investigación científica, en reconocimiento a su contribución a la genética y a su crítica del darwinismo.

Su pensamiento se caracterizó por una profunda oposición al reduccionismo materialista y a la identificación de la ciencia con una verdad absoluta, defendiendo una concepción de la naturaleza fundada en la forma, el orden y el significado antes que en el azar y la selección natural. Sermonti sostuvo que la ciencia posee también una dimensión simbólica y narrativa, perspectiva que le llevó a estudiar las estructuras biológicas y los relatos tradicionales como expresiones de un mismo lenguaje de la naturaleza. Entre sus obras más influyentes destacan *Il crepuscolo dello scientismo* (1970; reed. 2002), crítica del cientificismo moderno; *Dopo Darwin* (1980), escrita junto con Roberto Fondi, donde cuestiona los fundamentos del neodarwinismo; *Le forme della vita* (1981; reed. 2003), una reflexión sobre la morfología y la organización de los seres vivos; y su singular ciclo dedicado al estudio científico de los cuentos maravillosos, compuesto por *Fiabe di luna* (1986), *Fiabe del sottosuolo* (1989), *Fiabe dei fiori* (1992) y *Fiabe di Tre Reami* (2004). Por la amplitud de su obra y la originalidad de sus planteamientos, Giuseppe Sermonti ocupa un lugar destacado entre los grandes críticos de la biología evolucionista ortodoxa y del paradigma cientificista contemporáneo.

Bibliografía esencial

ASIMOV, Isaac. *In Principio.* Milán: Mondadori, 1981.

AUGROS, Robert, y George STANCIU. *The New Biology: Discovering the Wisdom of Nature.* Boston: New Science Library, 1987.

BALON, Eugene K. «Saltatory Ontogeny and Evolution». *Riv. Biol./ B.Forum* 79 (1986): 151-90.

BARBIERI, Marcello. *La Teoria Semantica dell'Evoluzione.* Turín: Boringhieri, 1985.

BARSANTI, Giulio. *La Scala, la Mappa, l'Albero.* Florencia: Sansoni, 1992.

BASKIN, J. «Leon Croizat: out of nothing nothing comes. Interview with Leon Croizat (1974)». *Riv. Biol. / B. Forum* 81 (1988): 589-611.

BEHE, Michael J. *Darwin Black Box.* Nueva York: The Free Press, 2003.

BELOUSOV, Lev V. *The Dynamic Architecture of a Developing Organism.* Dordrecht: Kluwer Acad. Publ., 1998.

BERLINSKI, David. *I numeri e le Cose.* Milán: BUR Rizzoli, 2003.

———. «The Deniable Darwin». *Commentary* 101, n.º 6 (1996).

BIRD, Wendell R. *The Origin of Species Revisited. The Theories of Evolution and of Abrupt Appearance.* Nueva York: Philosophical Library, 1987.

BOWDEN, Malcolm. *Ape-Man - Fact or Fallacy.* 2. ed. Sovereign Publications, 1988.

———. *The rise of the Evolution Fraud.* Bromley, Kent: Sovereign Pubblications, 1982.

CAMPBELL, John A., y Stephen C. MEYER, eds. *Darwinism, Design and Public Education.* Michigan State University Press, 2003.

CHAGAS, Carlos. *Recent Advances in the Evolution of Primates.* Editado por Carlos CHAGAS. Ciudad del Vaticano: Pontificia Academia Scientiarum, 1983.

CHERFAS, Jeremy. *Man Made Life.* Oxford: Blackwell, 1982.

CRAW, Robin, y Giuseppe SERMONTI, eds. «Special issue on Pan-biogeography, Space - Time - Form». *Riv. Biol. / B. Forum (Perugia)* 81, n.º 4 (1988).

CROIZAT, Leon. *Space Time Form: the Biological Synthesis.* Caracas: Publ. por el autor, 1964.

———. *Space Time Form: the Biological Synthesis.* Caracas: Publ. por el autor, 1964.

CURTIS, Helena. *Biologia.* 2. ed. Zanichelli, 1980.

———. *Biologia.* 2. ed. Zanichelli, 1980.

DAWKINS, Richard. *The Blind Watchmaker.* Reino Unido: Longman Group, 1986.

DAYOFF, Margaret O. *Atlas of Protein Sequence and Structure.* Washington D.C.: Research Foundation, 1978.

———. «Computer Analysis of Protein Evolution». *Scientific American* 221 (1969).

DE SANTILLANA, Giorgio, y Hertha VON DECHEND. *Il Mulino di Amleto. Saggio sul mito e sulla struttura del tempo.* Milán: Adelphi, 1983.

DEMBSKI, William A. *Intelligent Design, the Bridge between Science and Theology.* Downers Grove, Ill.: InterVarsity Press, 1999.

DENTON, Michael. *Evolution, a Theory in Crisis.* Burnett Hutchison, 1957.

DEWAR, Douglas. *The Transformist Illusion.* Tennessee: Dehoff Publ, 1957.

DICKERSON, Richard E. «The Structure and History of an Ancient Protein». *Scientific American* 226 (1972): 58-72.

DIKE, Charles. *The Evolutionary Dynamics of Complex Systems: A study of Biosocial Complexity.* Nueva York: Oxford U.P., 1988.

DRIESCH, Hans. «The Potency of the First Two Cleavage cells in the Development of Echinoderms». En *Foundation of Experimental Embriology*, editado por B. H. WILLION y J. R. OPPENHEIMER. Englewood Cliffs: Prentice Hall, 1964.

EISELEY, Loren Corey. *Darwin's Century*. Nueva York: Anchor Books, 1961.

ELDEREDGE, Niles. *Ripensare Darwin*. Turín: Einaudi, 1999.

FANTAPPIÈ, Luigi. *Principi di una teoria unitaria del mondo fisico e biologico*. Roma: Di Renzo, 1991.

FLORENSKIJ, Pavel. *Le Porte Regali. Saggio sull'Icona*. Editado por E. ZOLLA. Milán: Adelphi, 1977.

GEE, Henry. *Tempo profondo*. Turín: Einaudi, 2006.

GOODWIN, Brian. *How the Leopard Changed its Spots. The Evolution of Complexity*. Londres: Weinefeid & Nicolson, 1994.

GOODWIN, Brian, Atuhiro SIBATANI, y Gerry WEBSTER, eds. *Dynamic Structures in Biology*. Edimburgo: Edimburgo U.P., 1989.

GOTTLIEB, Gilbert. *Individual Development & Evolution. The Genesis of Novel Behavior*. Nueva York: Oxford U. P., 1992.

GOULD, Stephen J. *Ontogeny and Phylogeny*. Cambridge, Mass.: Harvard U. P., 1977.

———. *The Structure of Evolutionary Theory*. Cambridge, EE. UU.: Harvard U. Press, 2002.

GRASSÉ, Pierre-Paul. *L'evoluzione del vivente*. Milán: Adelphi, 1979.

GREENE, John C. *La Morte di Adamo*. Milán: Feltrinelli, 1971.

GRIBBIN, John, y Jeremy CHERFAS. *Sorella Scimmia*. Milán: Mondadori, 1984.

GRUN, Paul. *Cytoplasmic Genetics and Evolution*. Nueva York: Columbia U. Press, 1976.

HAMMEN, Leendert van der. *Unfoldment and Manifestation. Seven Essays on Evolution and Classification*. La Haya, 1988.

HO, Mae-Wan. *The Rainbow and the Worm. The Physics of Organisms*. Singapur: World Scientific, 1993.

HO, Mae-Wan, y Sidney FOX, eds. *Evolutionary Processes and Metaphores.* Chichester: John Wiley; Sons, 1988.

HOOKER, Joseph D. *Flora Novae Zelandae.* Londres: Lovell Reeve, 1853.

HOOPER, Judith. *Of Moths and Men.* Nueva York: Norton & Co., s.f.

HULL, David L. *Darwin and his Critics.* Cambridge, Mass.: Harvard U. Press, 1973.

HUXLEY, Julian. *Evolution The Modern Synthesis.* Londres: Allen & Unwin, 1942.

IKEDA, Kiyoshi. *What is Structuralist Biology?* Kamey Sya, 1988.

IMANISHI, Kinji. «Conclusion to my study on Evolutionary Theory». *J. Soc. Biol. Struct.* 7 (1984): 357-98.

JACOB, François. «Evolution and Tinkering». *Science* 196 (1977): 1161-66.

———. *Il Gioco dei Possibili.* Milán: Mondadori, 1983.

———. *The Logic of Living Systems.* Londres: Alien Lane, 1974.

KAUFFMAN, Stuart A. *The Origin of Order. Self-Organization and Selection in Evolution.* Oxford: Oxford U.P., 1993.

KETTLEWELL, Henry B. D. *The Evolution of Melanism.* Oxford: Clarendon Press, 1973.

KIKKAWA, Jiro, y Derek J. ANDERSON, eds. *Community Ecology, Pattern and Process.* Carlton, Victoria, Australia: Blackwell Scientific Publications, 1986.

KIMURA, Motoo. «The Neutral Theory of Molecular Evolution». *Scientific American* 241 (1979): 98-126.

KIMURA, Motoo, y Tomoko OHTA. *Theoretical Aspects of Population Genetics.* Princeton, 1971.

LAMBERT, David M., y Hamish G. SPENCER, eds. *Speciation and the Recognition Concept.* Baltimore; Londres: John Hopkins U.P., 1995.

LECLERC, Georges-Louis, y Comte de BUFFON. *Buffon's Natural History.* Traducido por BARR. Londres, 1797-1807.

LIMA-DE-FARIA, Antonio. *Biological Periodicity. Its Molecular Mechanism and Evolutionary Implication.* EE.UU.: JAJ Press, 1995.

———. *Evoluzione senza Selezione. Forma e Funzione per Autoevoluzione.* Génova: Nova Scripta, 1988.

LOEVTRUP, Søren. *Darwinism. The Refutation of a Myth.* Beckenham: Croom Helm Ltd, 1987.

———. «Le quattro teorie dell'Evoluzione». *Riv. Biol.* 75, n.º 1, 2, 3, 4 (1982).

LOVENSTAM, Heinz A., y Stephen WEINER. *On Biomineralization.* Oxford, Nueva York: Oxford U.P., 1989.

MACBETH, Norman. *Darwin Re-tried, an Appeal to Reason.* Boston: Gambit Inc., 1971.

MANDELBROT, Benoît. *The Fractal Geometry of Nature.* San Francisco: Freeman, 1983.

MARGULIS, Lynn. *Symbiosis in Cell Evolution.* San Francisco: Freeman, 1981.

MAYR, Ernst. *Animal Species and Evolution.* Harvard U.P.: Belknap Press, 1963.

MONOD, Jacques. *Il caso e la necessità.* Milán: Mondadori, 1970.

NOIROT, Charles. «La casta operaia, elemento primario del successo evolutivo delle termiti». *Riv. Biol.* 75 (1982): 157-95.

OHNO, Susumu. *Evolution by Gene Duplication.* Berlín: Springer Verlag, 1970.

PORTMAN, Adolf. *Le forme degli animali.* Milán: Feltrinelli, 1960.

RAFFARD DE BRIENNE, Daniel. *Per finirla con l'evoluzione.* Il Minotauro, 2004.

REDI, Francesco. *Experimenta circa Generationem Insectorum.* Florencia, 1668.

REEVES, R. «The Creative Art of Technology». *New Scientist*, 21 de julio de 1963.

ROSA, Daniele. «Teoria dell'Ologenesi». En *Evoluzione della Enciclopedia Italiana*, XIV. 1932. Publicado originalmente en 1909-1918.

SCHROEDINGER, Erwin. *What is Life?* Cambridge: Cambridge U.P., 1944.

SERMONTI, Giuseppe. *Mendel. Nascita e rinascita della Genetica.* Brescia: La Scuola, 1984.

———. *Why is a Fly not a Horse? (Dimenticare Darwin).* Seattle: Discovery Institute Press, 2005.

SERMONTI, Giuseppe, y Roberto FONDI. *Dopo Darwin. Critica all'Evoluzionismo.* Milán: Rusconi, 1980.

SERMONTI, Giuseppe, y Isabella SPADA SERMONTI. «L'ipotesi nulla nella evoluzione dei Vertebrati». *Riv. Biol. / B. Forum (Génova)* (Génova) 80 (1987): 55-77.

SHELDRAKE, Rupert. *La Rinascita della Natura.* Milán: Corbaccio, 1993.

SIBATANI, Atuhiro. «Stability of Arbitrary Structures: its Implications for Heredity and Evolution». *Riv. Biol. - Biol. Forum (Génova)* (Génova) 82 (1989): 348-49.

SIBATANI, Atuhiro, y Giuseppe SERMONTI. «Proceedings of the International Workshop on Structuralism in Biology (Osaka 1986)». *Riv. Biol.* 80, n.º 2 (1987): 162-269.

SPALLANZANI, Lazzaro. *Saggio di osservazioni microscopiche concernenti il Sistema della Generazione Spontanea de' signori Needham e Buffon.* Modena, 1765.

STEELE, Edward J. *Evoluzione e Selezione Somatica.* Milán: Il Saggiatore, 1982.

STERENLY, Kim. *La Sopravvivenza del più Adatto. Dawkins contro Gould.* Milán: Cortina, 2004.

TEMPLETON, Alan R. «Philogenetic Interference from Restriction Endonuclease Cleavage Site Maps with Particular Reference to the Evolution of Humans and the Apes». *Evolution* 37 (1983): 221-44.

THOM, René. *Stabilità strutturale e Morfogenesi.* Turín: Einaudi, 1980.

———. «Un formalismo per connettere struttura e funzione». *Riv. Biol.* (Perugia) 80, n.º 3 (1989).

THOMPSON D'ARCY, W. *Crescita e forma.* Turín: Bollati-Boringhieri, 1992.

TOMASI DI LAMPEDUSA, Giuseppe. *Il Gattopardo.* Milán: Feltrinelli, 1954.

VAVILOV, Nikolai I. *The Origin, Variation, Immunity and Breeding of Cultivated Plants.* 1951. Traducción al inglés.

WEBSTER, Gerry, y Brian GOODWIN. *Form and Transformation.* Cambridge: Cambridge U.P., 1996.

———. *Il Problema della Forma in Biologia.* Roma: Armando, 1988.

WEISMANN, August. *Essay upon Heredity.* Oxford, 1892.

WELLS, Jonathan. *Icons of Evolution: Science or Myth?* Washington DC: Regnery Publishing, 2002.

WESTENHÖFER, Max. *Die Grundlagen meiner Theorie vom Eigenweg des Menschen.* Heidelberg: C. Winter Universität Verlag, 1948.

WILDER-SMITH, Arthur E. *Man's Origin, Man's Destiny.* Stuttgart: Telos International, 1974.

Índice terminológico

Hipérbola Janus

Otros títulos publicados

Maurizio Blondet

Complots: Tomos I y II

Esta obra se presenta como una compilación de escritos necesaria para comprender en profundidad la catástrofe terminal de un sistema llamado «Occidente», proyectado por los poderes ocultos del mundialismo y de los cuales somos víctimas. Quien lea este ensayo entenderá quién, y qué ambientes y fuerzas, dirigen nuestros destinos. Las raíces y los gérmenes que constituyen esas fuerzas oscuras que adquieren diferentes manifestaciones, y que bajo falsas apariencias construyen buena parte de nuestra realidad, y en buena parte lo hace con las características mesiánicas e irracionales de una pseudo-religión.

Sin embargo, tras las devastaciones, genocidios y guerras que nos ha ofrecido buena parte del siglo XX, Maurizio Blondet nos presenta la existencia de una vaga conciencia de que en nuestro mundo actual todavía existe una valencia escatológica, si queremos apocalíptica, que para el cristiano no puede ser sino el preludio del triunfo del Anticristo. La antigua sabiduría de los Padres no nos previno solo de un dominador laico, sino de la cabeza visible de una falsa religión. La progresión de esta impostura, plenamente realizada a través de la acción de la finanza especulativa y sus sacerdotes, es la que nos ha reducido a la condición de esclavos. Estamos en la última fase de la desacralización del mundo, nuestro presente ya es puramente escatológico.

Págs.: 206
Fecha: 25/08/2020
ISBN : 9798678420046
hiperbolajanus.com/b/MBLC

Eduard Erkes

Creencias religiosas en la China antigua

El prestigioso sinólogo alemán Eduard Erkes nos presenta un original y lúcido ensayo sobre las formas más antiguas de la religión china. Para ello se sirve clásicos como el *Chou-li*, el *Li-chi*, el *Yi-ching* o el *Shan-hai-ching* como fuentes esenciales a través de cinco capítulos dedicados respectivamente al sacerdocio chamánico, a los espíritus, a las divinidades antropomorfas, a las costumbres funerarias y a las divinidades de la naturaleza. Fruto de esta síntesis obtenemos una panorámica de las formas tradicionales de la China clásica en la que se pueden integrar las grandes formas espirituales florecidas en este contexto de civilización: confucianismo, taoísmo y budismo.

Este volumen, que podemos considerar como una parte esencial en el estudio de las religiones, y específicamente en relación al estudio del chamanismo, será una fuente documental de primer orden para los trabajos desarrollados con posterioridad por el conocido historiador de las religiones y etnólogo rumano Mircea Eliade en relación a China.

Originalmente, la obra fue traducida por Julius Evola al italiano en 1958 para el IsMEO (*Associazione Internazionale di Studi sul Mediterraneo e l'Oriente*), pese a las diferencias doctrinarias y de método manifestadas por el pensador italiano frente al propio Eduard Erkes.

Págs.: 144
Fecha: 16/08/2022
ISBN : 979-8846739079
hiperbolajanus.com/b/LCRACH

Consulta nuestro catálogo completo en
hiperbolajanus.com/libros

Otros títulos publicados

Boris Nad

Después del virus: El renacimiento de un mundo multipolar

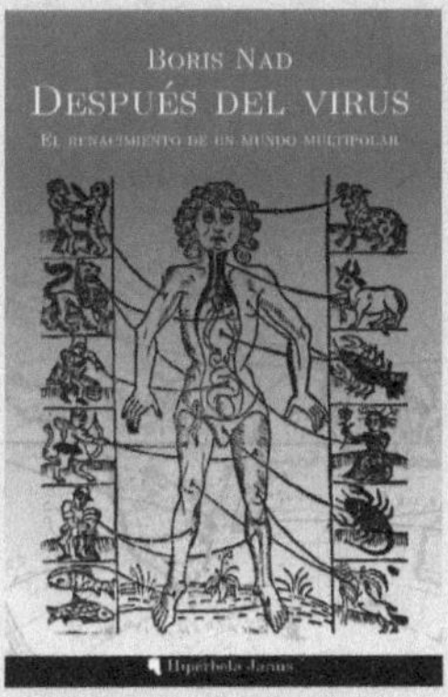

Todas las señales nos sitúan ante el siguiente escenario: el orden mundial del Occidente moderno dominado por los Estados Unidos de América no sobrevivirá al siglo XXI. El «Fin de la historia» proclamado después de la Guerra Fría se ha mostrado como una ilusión y una falacia, y ha dejado a muchos desguarnecidos ante la crisis, los conflictos y los cambios catastróficos que se ciernen sobre nosotros y están por venir.

Después del virus: El renacimiento de un mundo multipolar, de Boris Nad, es una invitación al lector para adentrarse en un proceso de catarsis en el que descubrirá que no existe una sola civilización sino muchas civilizaciones, y que los horizontes del futuro están abiertos y presentan un arraigo en el pasado y el presente. El autor nos propone un ensayo sólido y compacto, a través de una compilación de artículos desarrollados entre 2017 y 2022, con la desafiante tesis que apunta al final de una era, al «fin del mundo», pero solo de uno, que nos acerca de nuevo al auge y caída de las civilizaciones y al cambio de ciclo, a la fundación de un nuevo paradigma histórico.

Esta obra nos ofrece una lectura imprescindible para reflexionar, para tomar conciencia y revelar las intuiciones del mundo que viene, que se está forjando en nuestros días.

Págs.: 380
Fecha: 05/11/2022
ISBN : 9798362187439
hiperbolajanus.com/b/DDVBN

Gianluca Marletta

Edén, Resurrección y Tierra de los vivientes: Consideraciones sobre el...

En esta obra Gianluca Marletta nos expone brillantemente aquellos postulados simbólicos, teológicos y metafísicos que integran la visión post-mortem en el Cristianismo y todos los tesoros espirituales que integran la Tradición Occidental desde un lenguaje accesible y de fácil comprensión para los profanos en la materia.

Nuestro autor realiza una interpretación de los símbolos contenidos en la Biblia apoyándose en la doctrina metafísica y en grandes intérpretes de la Tradición como René Guénon o Ananda Coomaraswamy. Del mismo modo el Cristianismo ortodoxo, la doctrina vedántica o el Islam chiita contribuyen a enriquecer e iluminar los planteamientos desarrollados en la presente obra.

Paraíso, purgatorio e infierno se convierten en protagonistas esenciales de este ensayo, con todas las imágenes simbólicas y connotaciones espirituales que poseen para el hombre considerado bajo la tripartición tradicional en cuerpo alma y espíritu.

Págs.: 174
Fecha: 13/04/2019
ISBN : 9781093524345
hiperbolajanus.com/b/ERYTV

Hipérbola Janus

hiperbolajanus.com

www.ingramcontent.com/pod-product-compliance
Lightning Source LLC
LaVergne TN
LVHW041207061126
851857LV00018B/1969
* 9 7 8 1 9 6 1 9 2 8 4 3 5 *